DeepSeek全攻略
人人需要的AI通识课

陈光 著 /

电子工业出版社
Publishing House of Electronics Industry
北京·BEIJING

内容简介

想知道爆火 AI 新星 DeepSeek 是什么、能做什么，又将如何改变未来吗？本书以通俗易懂的问答形式，带你零基础入门 DeepSeek，揭秘其智能内核与技术优势，探索其在办公、教育、医疗等领域的无限应用。从理性认识 DeepSeek 的能力边界，到掌握提示词优化的实战技巧，本书将帮助你快速上手，玩转 DeepSeek，在 AI 时代抢占先机。

未经许可，不得以任何方式复制或抄袭本书之部分或全部内容。
版权所有，侵权必究。

图书在版编目（CIP）数据

DeepSeek 全攻略：人人需要的 AI 通识课 / 陈光著．
北京：电子工业出版社，2025. 3. -- ISBN 978-7-121-49902-9

Ⅰ．TP18

中国国家版本馆 CIP 数据核字第 2025JP7799 号

责任编辑：张月萍
文字编辑：孙奇俏
印　　刷：三河市君旺印务有限公司
装　　订：三河市君旺印务有限公司
出版发行：电子工业出版社
　　　　　北京市海淀区万寿路 173 信箱　　邮编：100036
开　　本：720×1000　1/16　　印张：13.75　　字数：308 千字
版　　次：2025 年 3 月第 1 版
印　　次：2025 年 4 月第 6 次印刷
定　　价：78.00 元

凡所购买电子工业出版社图书有缺损问题，请向购买书店调换。若书店售缺，请与本社发行部联系，联系及邮购电话：（010）88254888，88258888。
质量投诉请发邮件至 zlts@phei.com.cn，盗版侵权举报请发邮件至 dbqq@phei.com.cn。
本书咨询联系方式：faq@phei.com.cn。

前　言

与 DeepSeek 同行，拥抱 AI 新纪元

亲爱的读者，翻开这本书，就如同推开了一扇通往未来世界的大门。门后，一个由 AI（人工智能）驱动的全新时代正向我们奔涌而来，而在这场变革浪潮的中心，一颗耀眼的新星正在冉冉升起——它就是 DeepSeek。

我想你一定听说过 DeepSeek 的大名。作为一颗在 AI 领域冉冉升起的新星，它以惊人的速度和实力吸引了全球的目光。相信你和我一样，都对 AI 的未来充满好奇，渴望理解这项正在重塑世界的前沿技术。毕竟，AI 早已不再是科幻电影中的遥远想象，它已经深深渗透到我们生活的方方面面：从每天使用的智能手机助手，到新闻推送背后的推荐算法；从自动驾驶汽车的研发竞赛，到医疗诊断领域的精准辅助；甚至在艺术创作、科学研究等领域，AI 也展现出了令人惊叹的潜力。

然而，在 AI 技术日新月异的今天，公众的认知却常常滞后于技术的发展。复杂的算法、晦涩的术语、碎片化的信息，以及各种"技术焦虑"的论调，都在普通大众与 AI 之间竖起了一道道信息壁垒。人们渴望了解 AI，却又常常感到无从下手，甚至产生了不必要的担忧。

DeepSeek 的出现，无疑为 AI 领域注入了一股强劲的新鲜血液。这支由国内顶尖人才组成的年轻团队，以惊人的速度和实力，在竞争激烈的 AI 赛道上异军突起，推出了令人瞩目的 DeepSeek 系列大模型，展现出了比肩甚至超越国际领先水平的技术实力。DeepSeek 不仅在技术层面取得了突破，更以低成本、高性能、开源开放的姿态，引发了行业内外的广泛关注，被誉为"AI 新星"。

但随之而来的，是公众对 DeepSeek 的诸多疑问：DeepSeek 到底是什么？它从何而来？它为何能爆火？它能为我们做些什么？它将如何影响我们的未来？

面对这些疑问，我们需要一本通俗易懂、深入浅出的科普读物来拨开迷雾，揭示 DeepSeek 的真相，帮助我们更好地理解这项技术，理性地拥抱 AI 时代。这便是我撰写本书的初衷。

作为一名在 AI 领域深耕多年的"老兵"，我深感有责任，也有义务将前沿的 AI 技术以平易近人的方式呈现给大众读者。我希望通过这本书搭建一座桥梁，连接起 DeepSeek 这项尖端科技与渴望求知的你。

本书，正是为此而写的。

为了实现这个目标，我力求将本书打造成一本真正"为大众而生"的 DeepSeek 科普读物，它将具有以下鲜明特色：

第一，通俗易懂。面对 AI 技术，很多读者是非专业的"小白"。因此，在本书中，我将避免技术术语的堆砌，力求使用简洁明了、生动形象的语言，就像与老朋友聊天一样，娓娓道来 DeepSeek 的原理、应用和影响。我会大量运用生活化的案例和巧妙的比喻，将复杂的技术概念转化为你我都能轻松理解的"家常话"。例如，我会把大语言模型的训练比作"数据炼丹"，把注意力机制比作"聚光灯"，把提示词工程比作"与 AI 对话的艺术"……我相信，即使没有任何 AI 基础，你也能在这本书中畅游无阻，轻松进入 DeepSeek 领域。

第二，问题导向。读者带着疑问而来，也必将带着答案而去。本书将以读者最关心的问题为出发点，围绕 DeepSeek 的方方面面，精心挑选 40 多个极具代表性的问题，涵盖 "DeepSeek 是什么" "DeepSeek 怎么用" "DeepSeek 有何影响" 等核心层面。我会逐一解答这些问题，力求深入浅出、抽丝剥茧，满足你对 DeepSeek 的求知欲，让你在轻松的问答互动中逐渐构建起对 DeepSeek 的全面认知。

第三，内容全面。本书对 DeepSeek 的解读绝非蜻蜓点水式的浅尝辄止，而是力求构建一个完整的 DeepSeek 知识体系。从 DeepSeek 的基础概念讲起，到核心技术原理的揭秘，再到各行各业应用场景的拓展，由浅入深、层层递进，全面覆盖 DeepSeek 的方方面面。你既能从本书中了解 DeepSeek 的"前世今生"，又能掌握 DeepSeek 的"独门绝技"，更能洞察 DeepSeek 的"未来走向"。

第四，准确性与可读性兼顾。作为一本科普读物，准确性是生命线，可读性则是灵魂。本书的内容将基于可靠的资料和专家观点，力求真实严谨，确保内容准确，绝不哗众取宠、以讹传讹。同时，我也会注重语言的趣味性和表达的生动性，避免枯燥乏味、晦涩难懂。我会用轻松活泼的笔触，让你在获取知识的同时，也能享受到阅读的乐趣，真正做到寓教于乐、深入人心。

第五，实用性强。本书不仅提供丰富的实用技巧和操作指南，能帮助你快速掌握 DeepSeek 的使用要领，还给出各行各业的应用场景和最常用的原创提示词范例，让你能够轻松上手，充分发挥 DeepSeek 的潜力。无论你是想提升工作效率，还是想开拓创新思路，本书都将成为你的得力助手，为你打开一扇通往 AI 应用的实践之门。

更重要的是，这本书不仅是一本"技术指南"，更是一扇"认知之窗"。我希望通过这本书，提升大众对 AI 技术的整体认知水平，打破信息壁垒，消除认知误区，让更多人理性看待 DeepSeek，拥抱 AI 时代。

我始终坚信，科技进步的最终目的是服务于人类，提升人类福祉。而要想实现这个目标，就必须让科技走向大众，让公众理解科技，参与科技，最终受益于科技。DeepSeek 的出现，无疑是 AI 发展历程中的一个重要里程碑，它预示着 AI 技术正在加速普及，并将深刻地改变人类的社会和生活。

希望这本书能够成为你探索 DeepSeek 世界的"向导"，成为你拥抱 AI 新纪元的"指南"。让我们一起，与 DeepSeek 同行，共同迎接这个充满机遇与挑战的智能未来！

目 录

第 1 章
DeepSeek 入门：初识爆火 AI 新星 / 1

1. DeepSeek 到底是什么？ / 2

2. 为什么 DeepSeek 会突然爆火？ / 4

3. DeepSeek 大模型有几种？ / 6

4. 什么是 DeepSeek-R1 的"满血版"和"蒸馏版"？ / 8

5. DeepSeek 能免费使用吗？ / 11

6. DeepSeek 有哪些主要的功能？ / 13

7. DeepSeek 的应用场景有哪些？ / 15

8. 如何快速上手 DeepSeek？ / 19

9. 如何理性看待 DeepSeek 的能力边界？ / 23

10. DeepSeek 的低成本优势是如何实现的？ / 26

11. DeepSeek 的开源是怎么回事？ / 29

12. DeepSeek 能在本地部署吗？ / 33

13. DeepSeek 的出现对国内 AI 行业格局有何影响？ / 37

目录

第 2 章
DeepSeek 技术揭秘：探寻智能内核 / 42

1. DeepSeek 的核心技术原理是什么？ / 43

2. 大语言模型是如何训练的？ / 48

3. DeepSeek 是如何进行训练的？ / 55

4. DeepSeek 采用了哪些独特的技术，让它具有如此高的性能？ / 61

5. 对 DeepSeek 蒸馏的指责是怎么回事？ / 66

6. DeepSeek 的"多模态"能力如何？ / 69

7. DeepSeek 的上下文理解能力有多强？长文本处理效果如何？ / 72

8. DeepSeek 的推理能力如何？在逻辑推理、数学计算方面表现如何？ / 74

9. DeepSeek 的创造力如何？ / 78

10. DeepSeek 会犯错吗？ / 80

11. DeepSeek 的安全性和隐私保护如何？数据泄露风险如何防范？ / 83

12. DeepSeek 未来可能发展出"强人工智能"吗？ / 86

第 3 章
DeepSeek 实战：掌握智能应用之道 / 89

1. 为什么学习提示词很重要？ / 90
2. 如何写出高质量的提示词？ / 92
3. 什么是提示词工程？ / 103
4. DeepSeek-R1 推理模型是否还需要提示词工程呢？ / 106
5. 如何用好提示词框架？ / 110
6. DeepSeek-V3 和 DeepSeek-R1 该如何选择？ / 118
7. DeepSeek 提示词迭代应该怎么做？有哪些技巧？ / 121
8. DeepSeek 能自己构造和优化提示词吗？ / 128
9. DeepSeek 在办公效率提升方面有哪些应用？ / 144
10. DeepSeek 在教育领域有哪些应用潜力？ / 151
11. DeepSeek 在医疗健康领域有哪些应用前景？ / 158
12. DeepSeek 在金融领域有哪些应用场景？ / 168
13. DeepSeek 在法律领域有哪些应用价值？ / 173
14. DeepSeek 在内容创作领域有哪些应用？ / 177
15. DeepSeek 在电商和营销领域有哪些应用？ / 182
16. DeepSeek 在科研领域有哪些应用？ / 188
17. DeepSeek 除文字回答外还有花式玩法吗？ / 195
18. 和 DeepSeek 对话有什么"话术"吗？ / 201

第 1 章
DeepSeek 入门：
初识爆火 AI 新星

　　欢迎来到 DeepSeek 的世界！近年来，人工智能（AI）领域可谓群星璀璨，新模型、新技术层出不穷。然而，DeepSeek 无疑是一颗格外耀眼的新星。它如同一匹"AI 界的黑马"，以惊人的速度和实力迅速吸引了全球的目光。但对于大多数人来说，DeepSeek 可能还略显陌生。别担心，本章将带你拨开云雾，从最基本的问题入手，全面认识这颗爆火的 AI 新星，解答你心中的诸多疑惑。

1. DeepSeek 到底是什么？

在 AI 行业的浩瀚星空中，一颗冉冉升起的新星正吸引着全球的目光，它就是中国的科技公司 DeepSeek。这家公司如同它的名字（DeepSeek，深度求索）一样，专注通用人工智能的研发，目标是创造出真正像人类一样思考、学习和解决问题的 AI。你可以将 DeepSeek 理解为一家技术型的创新企业，它的核心业务就是打造强大的 AI 大模型，这些模型是驱动未来智能应用的核心引擎。

在 DeepSeek 的众多成果中，最耀眼的莫过于其开源的推理大模型 DeepSeek-R1。这款模型是 DeepSeek 向世界展示自身技术实力的重要名片，其能力布局如图 1-1 所示。

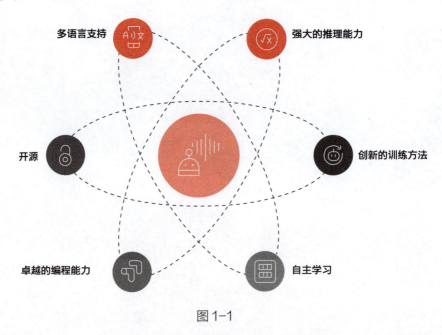

图 1-1

值得注意的是，DeepSeek-R1 被清晰地定位为"推理模型"，与一些更侧重于生成文本或进行简单对话的模型不同，DeepSeek-R1 的过人之处在于它具有强大的推理能力和决策能力，尤其擅长处理那些需要深度思考和复杂分析的任务。无论是解答充满陷阱的数学难题，还是从海量数据中洞察商业先机，抑或是在瞬息万变的环境中做出明智的判断，DeepSeek-R1 都能展现出令人印象深刻的实力。

DeepSeek-R1 最令人称道的特点之一便是它的开源属性。这意味着 DeepSeek 公司将这款模型的权重和代码向全球开发者免费开放，任何人都可以自由地使用、研究甚至修改它。更重要的是，DeepSeek-R1 还允许商业使用，这无疑大大降低了企业应用先进 AI 技术的门槛，如同打开了一扇通往未来智能世界的大门，让更多人有机会享受 AI 技术进步的红利。

有趣的是，DeepSeek-R1 的火爆程度直接影响了公司的品牌策略。当 DeepSeek 公司推出自己的应用程序（App）时，他们选择了最简单直接的命名方式——直接用公司名字"DeepSeek"来命名。这个朗朗上口的名字很快就深入人心，以至于现在人们提到 DeepSeek 时，往往同时指代公司、模型和应用程序。就像我们习惯把"微信"既当作一款 App 的名字，又当作平台提供的所有服务一样。这种品牌统一的做法，让 DeepSeek 在用户心中留下了清晰而完整的印象。

DeepSeek 不仅仅是一家公司，更代表了一种新的 AI 发展理念——开源、普惠、注重实用性，并专注核心技术突破，降低 AI 的使用门槛。DeepSeek-R1 作为其核心产品，以其强大的推理能力、开源、多语言支持、卓越的编程能力、创新的训练方法、自主学习等特性，加之中国本土背景的优势，在当前的 AI 格局中占据了独特的地位，并为用户提供了强大且易用的 AI 工具。

DeepSeek 的故事，就像一部精彩的"逆袭"剧。它告诉我们，在 AI 这场马拉松比赛中，后来者并非没有机会。只要找准方向，坚持创新，就一定能跑出自己的风采。

 头脑风暴：

① "开源"其实是最高级的"封闭"！通过开放权重和代码获得全球开发者的关注和贡献，形成良性生态循环，反而能建立起更强的竞争壁垒，开源策略实则加速了技术演进和市场占领。

② "推理"是 AI 的制高点！单纯的生成能力正在成为基础设施，真正的差异化在于解决复杂问题的推理能力，未来 AI 竞争的核心在于思考的深度。

③ "普惠"是最优秀的商业模式！降低准入门槛反而扩大了整体市场空间，用户基数的增加会带来意想不到的创新应用，所谓"得道者多助"——慷慨也是一种战略。

④ "专注"胜过"全面"！在推理这个细分领域做到极致，避开全面对抗巨头，转而寻找突破口，垂直突破可能比水平扩张更有价值。

⑤ "中国特色"也是全球价值！本土优势可以转化为全球竞争力，具有差异化

思维才能突出重围，后发优势可以通过创新路径来实现。

关键启发：

DeepSeek 代表了一种"东方智慧"：在有限资源下追求最优效果，以开放姿态促进生态繁荣，深耕专业场景，实现自身价值。这种思路或将成为后发者的典范。

2. 为什么 DeepSeek 会突然爆火？

DeepSeek 的突然爆火，源于多重创新要素的协同共振。其成功的核心在于工程思维对学术范式的超越——当国际巨头追求"万亿参数"时，DeepSeek 选择了更务实的道路，如图 1-2 所示。

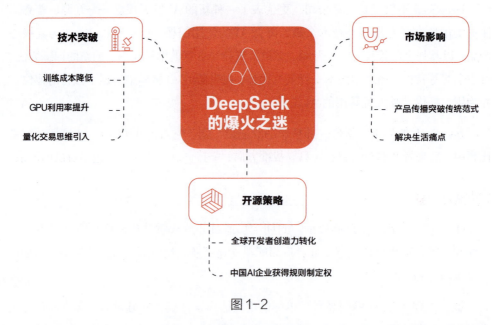

图 1-2

通过混合专家系统（MoE）与自研 MLA 技术的结合，DeepSeek 实现了"四两拨千斤"的技术突破。其训练成本远低于同期的、同等规模的主流大模型，打破了"AI 研发必烧钱"的魔咒。这得益于三大创新：训练成本降低（借助开源生态摊薄边际成本）、GPU 利用率提升（从 65% 提升至 92%）、量化交易思维引入。

DeepSeek 的开源策略成功将全球开发者的创造力转化为生态养分。在 HuggingFace 平台上，DeepSeek 及其衍生模型已覆盖 23 个垂直领域，一跃成为下载数最多的"冠军模型。当微软将 DeepSeek 集成至 Azure 平台时，标志着中国 AI 企业首次在云计算领域获得规则制定权。

DeepSeek 的市场影响证明了其爆火的现状。其产品传播突破了传统的"精英－大众"范式。用户分享的真实应用案例在社交媒体上形成现象级传播态势，展现出"解决生活痛点"的亲民形象。

DeepSeek 的崛起恰逢全球 AI 产业格局变革期，其技术路线选择完全契合三大趋势：通过算法优化降低对高端 GPU 的依赖、深耕中文语境实现数据本土化优势、以开源策略构建差异化生态。

这场爆火证明了中国 AI 发展的另一种可能——通过工程创新、生态运营和成本控制，走出一条差异化突围的道路。

头脑风暴：

① "性价比革命"引发的连锁效应：当一个行业的成本门槛被踏破时，往往预示着巨大的范式转移，就像特斯拉 Model 3 将电动汽车带入大众市场的拐点。

② "工程思维胜过学术范式"的悖论突破：放弃参数规模竞赛，转向架构创新。有时笨办法反而是最聪明的解决方案，类似于丰田生产系统用工程改善击败了当时美国的规模效应。

③ "反向创新"的颠覆性思维：从服务小众到带动整体，从边缘到中心。创新未必要从高端市场切入，类似于印度的低成本医疗创新最终影响了发达国家的医疗体系。

④ "群众智慧"的杠杆效应：开源带来的生态裂变速度超过封闭系统。未来最强大的力量可能是"赋能"而非"控制"，Linux 的发展历程已经证明了这一点。

⑤ "本土化优势"的弯道超车：深耕本土场景，实现差异化竞争。全球化时代反而更需要深度本土化，可参考日本互联网企业在移动支付领域的独特发展路径。

关键启发：

多维度的创新叠加往往比单点突破会产生更大的系统性影响。DeepSeek 的成功启示我们：真正的创新不是简单的技术突破，而是商业模式、技术路径和市场战略的协同进化。

3. DeepSeek 大模型有几种?

DeepSeek 大模型目前主要有 V3 和 R1 两大版本,二者在功能定位与技术特性上形成有力互补。这种差异化的设计使用户能根据具体的需求精准选择工具,就像医生根据病症选择不同的器械一样。下面,我们从定位(见表 1-1)、技术架构(见表 1-2)、应用场景三个维度剖析二者的核心差异。

表 1-1

比较维度	V3	R1
总体定位	"瑞士军刀"般的全能型选手	专业的"手术刀"
设计哲学	一专多能	专攻复杂推理
适用任务	快速执行明确定义的任务	处理复杂的任务
主要场景	日常办公(邮件、报告)、知识密集型任务、教育测试、数学竞赛、代码竞赛	复杂问题解决、策略规划、模糊信息决策、科研探索、算法优化
技术特点	支持联网搜索、可实现文件解析等复合功能、需要详细指令引导	开源免费、具备自主决策能力、能基于模糊目标推导解决方案
应用定位	企业日常运营的标准化工具	创新解决方案的探索性工具

表 1-2

比较维度	V3	R1
响应模式	按标准化流程执行,如同高铁沿轨道行驶,能够精准抵达	构建网状思维路径,允许思维的多角度跃迁
风险控制	通过强规范约束确保输出稳定性,适合法律文书生成等低容错场景	通过弱约束设计释放创造力,但也需要承担更大的不确定性
交互逻辑	需要"过程-结果"的明确指令	仅需要定义目标即可自主推理,如同导航软件的"智能推荐"功能

应用场景：标准化生产与前沿探索。

选择模型本质上是选择解决方案的思维模式。当处理合同生成、数据报表等结构化任务时，V3模型的标准化流程能确保效率与合规性。而在应对突发性技术难题、探索未知领域的任务时，R1模型的网状思维则能突破常规框架，例如，在破解复杂的算法难题时，其多路径推导能力往往能提供工程师未曾想到的解决方案。

这种双模型战略体现了DeepSeek对AI应用场景的深刻洞察——既需要能够提高日常生产力的标准化工具，也离不开推动技术突破的创新引擎。用户的选择策略其实很简单：明确任务的性质是"执行"还是"探索"，答案自然浮现，如图1-3所示。另外，还有一种思路是将二者结合使用，用R1模型负责规划，用V3模型负责执行。

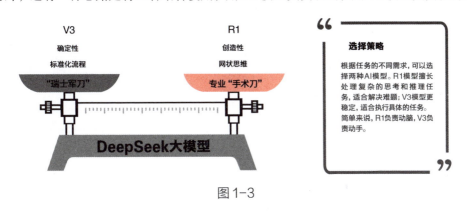

图1-3

在具体使用方面，在官方网站和官方DeepSeek App上，选择"深度思考（R1）"选项就会调用擅长复杂问题推理的R1模型，关闭该选项则会调用更稳定的执行能手——V3模型。

头脑风暴：

① **双刃剑理论**：就像中医理论有温补和寒凉两派，AI模型也需要阴阳平衡。V3的确定性与R1的创造性形成互补，提醒我们在任何领域都不存在完美的单一解决方案。

② **思维地图革命**：R1的网状思维模式颠覆了传统的线性思考范式，这启发我们，突破性创新往往来自打破常规的思维模式，就像爱因斯坦通过想象骑在光束上来推导相对论一样。

③ **工具进化论**：从石器到青铜器，工具永远在向着"专业化"和"通用化"两个方向同步发展。DeepSeek 的双模型策略完美印证了这一历史规律。

④ **认知跃迁模型**：R1 展现的多路径推理能力，暗示了 AI 可能正在从"模仿型思维"向"创造型思维"跃迁。

⑤ **决策矩阵启示**：V3 与 R1 的选择策略揭示出一个普世真理，即工具选择应基于任务性质而非工具本身的能力边界。

完美的解决方案不在于找到最强大的工具，而在于找到最匹配的思维模式。就像交响乐需要不同乐器合奏，突破性创新往往源于不同思维模式的协同。

4. 什么是DeepSeek-R1的"满血版"和"蒸馏版"？

DeepSeek-R1 是面向复杂推理任务的大模型系列。该系列通过算法架构优化与强化学习训练，持续提升模型性能与场景适应能力。当前开源的 DeepSeek-R1 系列模型包含全参数版本 R1-671B（通称"满血版"）及其知识蒸馏衍生版本 R1-1.5B、R1-7B、R1-8B、R1-14B、R1-32B、R1-70B 等（通称"蒸馏版"）。模型命名中的数值单位对应十亿级参数量，例如"32B"表示模型包含 320 亿个可调参数。其中，"蒸馏版"通过知识蒸馏技术将 R1-671B 的核心能力迁移至更紧凑的模型架构，在保持基础推理能力的同时能够显著缩小模型体积，以适应不同硬件配置的部署需求。

需要特别说明的是，参数量级是评估模型复杂度的关键指标。通常而言，参数规模的提升能增强模型对非线性关系的建模能力，但同时会带来计算资源需求的指数级增长。各开源版本的技术差异本质上反映了"模型性能 – 资源消耗 – 应用场景"的三元平衡关系，这种技术分层策略类似于汽车工业中通过发动机排量差异来满足不同的驾驶需求——参数规模奠定了基础性能潜力，而在实际部署时需要根据具体场景的计算资源约束来选择最优的配置。

1.5B~14B、32B~70B、671B 构成了 DeepSeek-R1 系列模型的完整技术谱系，其核心差异可通过表 1-3 快速了解。

表1-3

参数规模	硬件需求与推理速度	任务表现	应用场景
1.5B~14B	移动端3GB内存，在RTX 3060显卡上流畅运行	藏头诗逻辑断裂、静态代码生成	容错率较高的场景
32B~70B	64GB内存+32GB显存，在A100显卡上达8~9 token/s	动态代码生成、数学问题求解	企业级复杂任务
671B	100GB以上内存，大规模GPU集群，建议通过云端API调用	超越GPT-4、接近专业开发者水平	前沿科技探索

（1）**1.5B~14B 轻量级模型**：如同城市通勤的微型车，在RTX 3060显卡上即可流畅运行。实测显示，其处理藏头诗时会出现逻辑断裂的问题，生成的贪吃蛇游戏代码仅能渲染静态画面，适合快餐店点餐机器人这类容错率较高的场景。

（2）**32B~70B 中等规模模型**：堪比家用SUV的均衡之选，在A100显卡上的推理速度达8~9 token/s。不仅能正确计算三棱柱的表面积，还能生成可交互的贪吃蛇游戏代码，但需要价值2万元以上的工作站支持，适合律师事务所文书处理等企业级复杂任务。

（3）**671B 超大规模模型**：如同采用混合专家系统（MoE）的超级跑车，单次推理内存占用超100GB。其MMLU知识理解得分超越GPT-4，代码生成能力接近专业开发者水平，如同药物研发用的超级计算机，普通用户通过云端API调用该模型最为现实。

图1-4生动地展示了1.5B~14B、32B~70B、671B模型各自的特点。

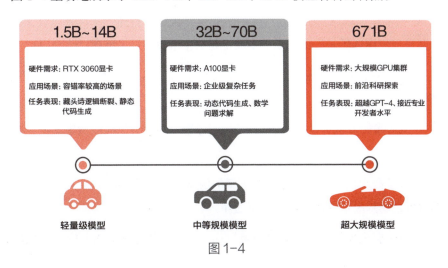

图1-4

值得注意的是，通过 MoE 和动态路由优化，32B 参数规模的模型在核心性能指标上可保留 671B "满血版"约 90% 的能力，这类似于现代涡轮增压技术让小排量引擎实现动力输出的质变。但基准测试揭示了一个重要规律：当参数规模低于 32B 阈值时，模型会出现显著的能力阶跃式下降，例如 7B 模型在处理多源信息整合任务时会出现实体关系混淆的现象。这印证了模型压缩的非线性特性，提示开发者在硬件预算与任务需求之间应建立量化评估体系。

从技术经济学角度观察，32B 模型在多数企业级场景中都展现出了最佳的性价比平衡——既能可靠地完成跨模态数据处理、学术文献语义解析等复杂的认知任务，又无须配备超算级硬件设施。这种技术演进轨迹与数码摄影发展史异曲同工：正如智能手机图像传感器逐步取代专业 DSLR 相机的市场地位一样，AI 应用正在经历从"性能竞赛"向"效用最优"的范式转变。DeepSeek-R1 的多版本模型矩阵，正是一种通过参数可伸缩架构来实现智能普惠的工程实践。

需要特别说明的是，DeepSeek 官方网站及官方客户端内标注的"深度思考（R1）"功能对接的是 671B 的全参数版本，而第三方平台提供的服务可能基于知识蒸馏后的轻量级版本。用户在关键业务场景选择上，建议通过官方技术白皮书验证参数规模，或使用标准测试集（如 MMLU、HumanEval）进行模型能力基准测试。

 头脑风暴：

① 参数量就像一个人的大脑神经元，不是越多越好，而是要找到最适合的"临界点"，不是所有神经元都会同时被激活。

② AI 模型系列就像一个家族产品的进化史，从自行车到汽车再到飞机，每个产品都有其最佳应用场景——不同工具本质上是为了解决不同的问题。

③ 32B 模型找到了"甜蜜点"，就像进化中的适者生存法则，最优解往往是平衡点，而不是极端。

④ 知识蒸馏技术是对智慧精华的浓缩，就像把一本厚书提炼成精华笔记，有时候，少即是多。

⑤ 不同参数规模的模型就像不同等级的厨师，从街边小店到米其林三星店，各有各的价值，场景决定需求，需求决定选择。

⑥ 能力断层现象揭示了"临界质量"的重要性，就像火箭需要突破大气层，突

破性进展往往需要达到特定的门槛。

⑦ 模型选择如同投资组合，需要在成本和收益之间找到最佳平衡点，理性决策需要多维度权衡。

⑧ AI 模型就像"万能钥匙"，能解决所有问题，但需要找到正确的钥匙孔，没有万能的工具，只有适合的工具。

在 AI 的发展历程中，真正的创新不是盲目追求更高、更快、更强，而是找到特定场景下的最佳平衡点，这才是技术大众化的真谛。

5. DeepSeek 能免费使用吗？

对于普通用户而言，DeepSeek 确实提供了零门槛的免费服务。打开 DeepSeek 官方网站或下载官方 App，你会看到一个清爽的交互界面，输入问题后通常两三秒内就能得到响应。这种即时对话体验与市面上的付费 AI 产品相比毫不逊色，在代码生成和长文本写作场景下，经过实测，其响应质量甚至优于部分收费工具。截至本书成稿时，豆包、纳米等 App 也上线了可免费使用的"满血版"DeepSeek-R1 服务。

技术爱好者可能会注意到，DeepSeek 的开源社区异常活跃。在 HuggingFace 平台上，从轻量级的 1.5B 模型到超大规模的 671B 模型，都可以自由下载，这种开放程度在行业内并不多见。不过需要提醒的是，若想在个人计算机上部署效果更好、规模更大的模型，则可能需要价值不菲的 GPU 集群支持，实际成本令人却步。例如，要想私有化部署"满血版"，则需要 8 卡 H100 服务器，年费约 98 万元。

开发者群体需要特别注意 API 的定价策略。虽然官方 API 的定价仅为行业平均水平的四分之一（本书成稿时，官方 API 的标准价格为：V3 模型输入，2 元 / 百万 token；V3 模型输出，8 元 / 百万 token。R1 模型的费用是 V3 模型的 4 倍），但精明的开发者依然需要关注腾讯云等平台推出的限时免费活动，以及硅基流动等平台推出的低价服务。有的用户通过合理利用这些资源，在项目初期实现了零成本验证产品原型。不过随着调用量的增长，建议采用混合部署策略，将高频简单请求分流到免费渠道，核心业务则使用付费 API 以保障稳定性。

企业级部署面临的则是另一套"经济账"。当考虑个人计算机部署时，需要评估百万元级别年费与人力成本之间的平衡。有趣的是，某些金融机构通过采购定制模型，将原本需要十人团队处理的风控分析任务的工作量缩减至30%（三人团队即可完成），这种效率提升往往能在半年内收回AI投入成本。

个人计算机部署和企业级部署的对比如图1-5所示。

个人计算机部署　　　　　　　　　　　企业级部署

成本较低，但需要高端GPU　　　　　　成本较高，但效率更高

图1-5

关于未来走向，我们可以看到一个微妙的信号：虽然基础服务承诺永久免费，但官方最近更新的服务条款中新增了"优先响应权"条款，这或许预示着未来会推出类似于ChatGPT Plus的会员服务，就像视频网站的免广告模式，免费用户可能需要忍受特定时段的响应延迟。

站在普通用户的角度，最实在的建议是：趁当前免费窗口期充分体验核心功能。对于学生写论文、程序员调试代码这类常规需求，现有服务已经足够完善。不妨将DeepSeek当作智能助手融入工作流，毕竟在AI技术快速迭代的今天，把握住当下的免费红利才是最明智的选择。

头脑风暴：

① **免费背后的逻辑**：看似免费的服务背后往往有着超高的运营成本，这提醒我们要理性看待"免费的午餐"。

② **商业模式的演进规律**：先培养用户习惯（免费用户），再差异化定价（会员）。DeepSeek的优先响应权暗示了这一轨迹。

③ **效率红利与成本投入**：某金融机构用AI替代了70%的人力，半年回本。这启示我们要用ROI思维评估AI投入。

④ **混合部署策略的精妙之处**：将高频简单任务分流到免费渠道，核心业务走付

费通道。这是一种智慧的资源调配观。

⑤ **技术大众化与门槛并存**：开源不等于零门槛，98 万元的年费说明了这一点。但开源本身就是降低准入门槛的第一步。

⑥ **用户分层服务的未来趋势**：从全员免费到差异化服务，这反映了 AI 服务走向成熟的必经之路。

在 AI 快速迭代的时代，真正的智慧不在于追求永久免费，而在于巧妙把握当下的免费窗口期，将 AI 工具高效整合进个人工作流，实现效率提升，这才是面对 AI 浪潮来袭的明智之举。

6. DeepSeek 有哪些主要的功能？

DeepSeek 并非一个冰冷的工具，而更像一位多才多艺的助手、一位博学多识的顾问，甚至是一位充满创意的伙伴。那么，DeepSeek 究竟身怀哪些绝技，又能在哪些领域大显身手呢？具体请参考图 1-6。

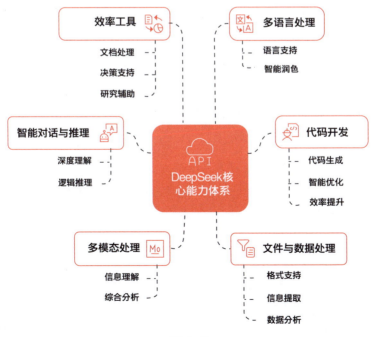

图 1-6

DeepSeek 全攻略：人人需要的 AI 通识课

首先，DeepSeek 最核心的功能，也是它名字的由来，便是其强大的智能对话与推理能力。你可以把它想象成一个超级大脑，不仅能听懂你说的每一句话，还能深度理解话语背后的含义，甚至能进行复杂的逻辑推理。无论是解答高难度的数学题，还是进行多轮深入对话，DeepSeek 都能应对自如，展现出媲美人类的思考能力。尤其是在需要条分缕析、抽丝剥茧的逻辑推理场景中，DeepSeek 更能发挥其优势，如同一位经验丰富的侦探，能从蛛丝马迹中找到真相。

除了能说会道，DeepSeek 还展现出了出色的代码开发能力。对于程序员来说，DeepSeek 就像一位得力助手，能快速生成各种编程语言的代码，还能智能检测和修复代码中的错误，甚至对代码进行智能优化。更令人惊喜的是，DeepSeek 生成代码的效率极高，大大降低了开发成本，让编程工作变得更加轻松高效。

不仅如此，DeepSeek 还具备多模态处理能力，它不再局限于文字的世界，而是能同时理解图像、文字等多种信息并进行综合分析。这使 DeepSeek 在处理复杂问题时更加得心应手。例如，在面对一份图文并茂的报告时，DeepSeek 能更全面、更深入地理解报告内容，并给出更精准的分析结果。

在文件与数据处理方面，DeepSeek 也展现出了强大的实力。它可以轻松支持各种格式的文件处理，例如 PDF、Excel、JPG 等，并从中快速提取关键信息，生成内容丰富的报告。对于需要处理海量数据的企业和研究机构来说，DeepSeek 无疑是一位高效的数据分析师，能帮助人们从繁杂的数据中挖掘出有价值的洞见。

DeepSeek 的功能远不止于此，它还是一个高效的效率工具。无论是文档处理、决策支持，还是研究辅助，DeepSeek 都能提供强力的支持。例如，它可以快速生成规范的公文文本，辅助商业决策者进行风险评估，甚至帮助科研人员梳理文献、设计实验方案，大大提升工作效率。

更令人惊喜的是，DeepSeek 还具备多语言处理功能，支持包括中文、英文、日文在内的多种语言，并能进行智能润色，这使 DeepSeek 在跨语言交流和外贸场景中拥有巨大的应用潜力。

综合上述 6 个方面，我们对 DeepSeek 的功能将有更深入的认识和理解。

第1章 DeepSeek 入门：初识爆火 AI 新星

头脑风暴：

① "超级大脑"解构：如果把 DeepSeek 比作人类大脑的深度开发，那么它就像给每个人都配备了一个思维放大镜一般，让人们能看到平时看不到的思维细节。大脑不再是思维的边界，AI 正在重新定义人类认知的范畴。

② "多模态"视角：DeepSeek 不是在处理单一的信息，而是在编织一张全息认知网，就像人类感官的协同。未来的交互方式将是立体的、多维的，而不是线性的。

③ 数据"炼金术"：DeepSeek 像一位现代炼金术士，能将数据原矿提炼成智慧黄金。数据的价值不在于量多，而在于具有转化能力。

④ "语言宇宙"洞察：多语言处理不仅是指翻译，更体现在构建一个无障碍的全球思维网络上。语言不再是交流的壁垒，而是连接的不同文化的纽带。

⑤ "本地化智慧"思维：本地部署就像给每个终端都植入了一个微型智慧中枢。智能将从云端渗透到每个终端，实现智慧的去中心化。

关键启发：

DeepSeek 不是工具的进化，而是对人类认知模式的革命性重构——它正在重新定义人与信息、人与知识、人与智慧之间的关系范式。我们不应该把 DeepSeek 仅仅视为一个功能强大的工具，而应该将其视为人类认知能力演化的里程碑，它正在重塑人类理解和运用知识的方式。

7. DeepSeek 的应用场景有哪些？

DeepSeek 像一位技艺精湛又平易近人的全能专家，它的应用场景之广泛简直令人惊叹，几乎在各行各业都能寻觅到它的身影，如图 1-7 所示。

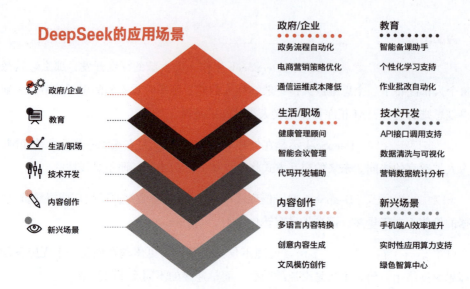

图1-7

对于各行各业的政府/企业部门而言，DeepSeek 就像一位智能升级的得力助手。在通信行业，我们可以看到，运营商已经纷纷借助 DeepSeek 的力量让视频会议纪要自动生成，让代码编写和优化变得更加轻松高效，甚至连云平台的运维成本都得到了有效降低。在政务领域，DeepSeek 也展现出巨大的潜力。一些政府部门率先尝鲜，在政务外网上部署了 DeepSeek-R1 模型，实现了政务流程的自动化，让政府数据的开放共享更加顺畅。对于蓬勃发展的电商和跨境电商行业，DeepSeek 同样是不可或缺的智能伙伴。它能像一位经验丰富的市场分析师一样，洞察市场趋势，提供智能问答；它又能化身妙笔生花的文案高手，自动生成引人入胜的产品描述和营销邮件；它还能将海量的销售数据转化为直观易懂的可视化报告；它甚至能运筹帷幄，优化营销策略，为电商运营保驾护航。

在教育领域，DeepSeek 则像一位耐心细致、因材施教的智能老师。对于老师们来说，DeepSeek 可以成为智能备课的得力助手，自动生成教案框架和别出心裁的课堂活动，让备课不再成为"烧脑"的苦差事。例如，老师们再也不用为如何导入一篇看似平淡的课文《散步》而发愁，DeepSeek 能瞬间提供多种生动有趣的导入方案。在课堂上，DeepSeek 还能助力打造人机协同双师课堂，为每一位学生提供量身定制的学习支持，真正实现个性化教学。批改作业一直是老师们繁重的工作负担，对此 DeepSeek 也能伸出援手，自动生成不同难度的练习题并快速批改，让老师们从浩如烟海的作业中解放出来，将更多精力投入教学研究和学生指导中。对于莘莘学子而言，DeepSeek 也是一位孜孜不倦、循循善诱的学习伙伴。它可以帮助同学们高效记忆单词，比如生成包含目标词汇的趣味性文章，让背单词不再枯燥乏味；它可以化身作文批改老师，提供细致入微的修改意见，让作文水平更上一层楼；它还可以提纲挈领地总结知识点，让学习重点一目了然；在遇到学习难题时，DeepSeek 也能条分缕析地提供解题思路，简直是学生们的解惑神器。

在我们的日常生活和职场工作中，DeepSeek 更像一位贴心周到、无所不能的智能管家。它可以变身日常助手，根据你的时间和地点，量身定制个性化的旅行攻略，让你的出行轻松无忧；它可以化身健康管理顾问，解读你上传的体检报告，提供专业的饮食建议和个性化的减肥计划，助你科学进行健康管理；在面临选择困难时，DeepSeek 还能成为你的决策支持者，比如在你纠结于选择哪款手机时，它可以为你详细对比并分析不同型号的优劣；在你为装修报价而犯愁时，它可以帮你评估报价的合理性，让你的消费更加明智、理性。在职场上，DeepSeek 更是效率提升的利器。它可以进行智能会议管理，自动从冗长的会议录音中提炼关键信息，生成简洁明了的会议纪要，让会议总结不再耗时费力；它可以高效处理文档，根据你的工作经历，自动生成一份专业且亮眼的简历，或者帮你快速梳理报告框架，让文档处理效率倍增；对于程序员们来说，DeepSeek 更是一位辅助代码开发的得力伙伴，它可以自动生成各种代码，并进行代码调试，让编程工作事半功倍。

从技术开发的角度来看，DeepSeek 也是一款非常好用的智能工具。它为开发者提供了强大的 API 接口调用支持，即使是构建复杂的网页交互应用，也能通过简单的指令快速实现，大大降低了开发门槛，让更多人能轻松拥抱 AI 技术。在数据处理方面，DeepSeek 同样展现出了卓越的能力，它可以智能清洗 CSV 数据，并提出优化建议，让数据更干净、更易用；它可以自动生成 Matplotlib 代码，将复杂的数据可视化为直观的图表，让数据分析一目了然；它还能进行销售数据统计分析，为企业决策提供有力的数据支撑。

在内容创作领域，DeepSeek 是一位充满创意的灵感"缪斯"。它可以实现创意内容生成，无论是撰写各种主题和风格的文章，还是创作吸睛的营销文案，DeepSeek 都能轻松驾驭；它甚至能模仿特定作家的文风，创作出独具韵味的作品。例如，它可以为抖音平台量身打造带有 emoji 表情的广告文案，让营销内容更具传播力。

DeepSeek 还能进行多语言内容转换，例如，它可以将商品描述翻译成多种语言，助力跨境电商拓展海外市场。

不仅如此，DeepSeek 还在不断探索新兴场景，展现出蓬勃的生命力。

在硬件协同方面，DeepSeek 正在与各种硬件设备深度融合，手机厂商可以通过集成 DeepSeek 来显著提升手机端 AI 任务的处理效率；主机厂商也推出了基于 DeepSeek 的一体机，将强大的 AI 功能带到用户身边。

在边缘计算领域，DeepSeek 也在积极推动智算中心向更加高效、绿色的方向转型，为自动驾驶、工业机器人等对实时性要求极高的 AI 应用提供强劲的算力支持，让 AI 技术真正融入各行各业的生产实践中。

DeepSeek 的应用场景几乎涵盖了工作、学习、生活的方方面面。从企业政务到教育科研，从职场效率提升到个人生活服务，从技术开发到内容创作，DeepSeek 都展现出了令人瞩目的能力和潜力。毫不夸张地说，DeepSeek 正以其卓越的性能和广泛的应用场景，成为推动各行各业智能化升级的强大引擎，深刻改变着人们的工作方式和生活方式，并将在未来的发展中为人们带来更多意想不到的惊喜和可能。

头脑风暴：

① DeepSeek 不仅是 AI 助手，更是一种智能型"催化剂"，它能激活各行各业的创新潜能，就像往水中滴入一滴墨水，能迅速扩散并渗透到各个领域。

② 如果把 DeepSeek 比作一把"瑞士军刀"，那么它不仅能完成各种任务，还能启发人们发现新的"刀片功能"，不断扩展其应用边界。

③ DeepSeek 其实是在构建一个智能生态网络！每个应用场景都像一个节点，彼此之间相互影响、协同进化，产生意想不到的化学反应。

④ DeepSeek 既能当"放大镜"（深入细节），又能当"望远镜"（拓宽视野），这种微观宏观相结合的能力，正是其独特魅力所在。

⑤ DeepSeek 不只是在替代重复性工作，更是在重塑人们的思维模式。它就像一面智能"魔镜"，照出了人们工作和生活的新可能。

第1章　DeepSeek 入门：初识爆火 AI 新星

关键启发：

DeepSeek 的本质不是工具，而是一个能持续激发人类创造力的赋能平台，它正在重新定义人机协作的边界，开启智能化时代的无限可能。

在第3章中，我们会从实战角度继续探索 DeepSeek 在各领域和场景中的应用潜力。

8. 如何快速上手 DeepSeek？

要想快速上手 DeepSeek，关键在于抓住几个要点并勤加练习。正如前文所述，DeepSeek 就像一位智能助手，能帮你处理各种任务，从日常琐事到专业工作，都能提供有力支持。那么，怎样才能迅速驾驭这位智能助手呢？如图 1-8 所示。

图 1-8

首先，你需要为自己找到一个"入口"，也就是访问 DeepSeek 平台，这就像入住酒店前要先找到门一样。DeepSeek 提供了多种便捷的入口，你可以直接访问其官方网站，或者在手机应用商店里搜索 DeepSeek App 并下载。如果你喜欢更快捷的方式，则可以通过腾讯元宝、360 纳米搜索 App 或者秘塔搜索网页版这样的第三方平台接入，有些平台甚至无须注册就能直接使用，非常方便。

有了"入口"之后，就像进入酒店，第一步当然是"登记入住"，即注册账户。DeepSeek 的注册过程非常简单，用常用的邮箱或手机号注册，抑或微信扫码，都可以轻松注册账户。为了方便管理，建议使用常用邮箱注册，方便接收验证信息。注册时，它会要求你验证身份，这时可以去邮箱里找到 DeepSeek 发来的确认链接，点击一下就算完成验证了。首次登录并设置密码时，最好用大小写字母加数字的组合，更加安全可靠。

完成了注册和登录，接下来就是熟悉界面。你会发现，DeepSeek 的对话输入框设计得非常友好，就像我们平时发微信一样，直接在输入框里输入文字，然后按下回车键就可以发送了。所有和 DeepSeek 的对话，都会在界面左侧的历史对话记录栏里被清晰地列出来，你可以随时查看之前的对话内容。为了方便日后查找，还可以给不同的对话重命名，就像给不同的文件贴上标签一样，一目了然。

当你准备好和 DeepSeek 正式交流时，不妨先选择"深度思考（R1）"这个选项。这次不起眼的选择，会使用之前介绍的 R1 模型，就像给 DeepSeek 开启了学霸模式，它会以更专业的态度和更深入的分析能力来回答你的问题，为你提供更具价值的内容。如果你需要 DeepSeek 帮你搜索最新的网络信息，则可以根据需要选择"联网搜索"选项。不过要注意，联网搜索和上传附件这两个功能目前还不能同时使用，就像鱼和熊掌，不可兼得。DeepSeek 的界面和基本操作如图 1-9 所示。

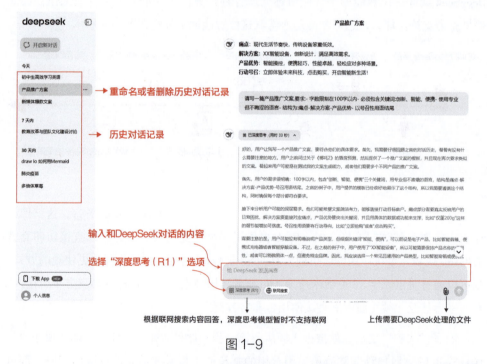

图 1-9

掌握了 DeepSeek 的基本操作，接下来就要学习提问技巧了。就像和人交流一样，提问的质量直接决定了回答的质量。要想用好 DeepSeek 这样的 AI 模型，最关键的就是学会提出高质量的问题，清晰、准确地描述你的需求。这其实也反映了提问者的水平，如果你对某个领域的核心概念和知识结构有较好的掌握，那么你就能提出更精准、更深入的问题，DeepSeek 自然也能给出更符合你期望的答案。为了更好地提问，可以参考一些提问模板。一个简单实用的模板是三段式提示词模板，它就像一个清晰的提问框架，能帮你组织思路。这个模板包含三部分：我是谁、我要干什么、我有什么要求。在提问时，要先明确你的身份和背景，例如，我是一名市场营销人员；然后清晰地说明你的目的，例如，我要制定一份情人节促销方案；最后，补充你的具体要求，例如，预算控制在 5000 元以内，方案需要包含线上和线下两部分。除了这三段核心信息，还可以给出更多限制要求或希望避免的情形，比如，不要落入俗套、不要使用 emoji 表情、不要使用网络流行语等。给出这样的结构化设计提示词，DeepSeek 就能更准确地理解你的意图，并给出更贴合需求的回答。在第 3 章的实战部分，我们会更详细地介绍提示词的设计优化技巧和实战案例，帮你更好地和 DeepSeek"对话"。

了解了提问技巧，还需要识别 DeepSeek 的强项和局限性。DeepSeek 尤其擅长处理需要深度思考、理解复杂场景和需求的任务，比如行业分析、谈判准备、创意写作等。在这些场景下，DeepSeek 能充分发挥其强大的逻辑推理和知识整合能力，提供专业的、有深度的帮助。但 DeepSeek 也不是万能的，它在一些场景下也存在局限性。比如，在长文本写作方面，如果文章超过 4000 字，则 DeepSeek 可能会出现逻辑断裂的情况；对于一些敏感内容，DeepSeek 会进行限制；在个人风格写作方面，DeepSeek 可能难以完全模仿人类独特的文风。了解这些强项和局限性，可以帮助你更好地利用 DeepSeek，扬长避短。

掌握了 DeepSeek 的基本操作和提问技巧，接下来就可以开始尝试应用它来解决实际问题了。DeepSeek 的应用场景非常广泛，几乎涵盖了日常生活的方方面面。如果你是刚接触 DeepSeek 的职场小白，那么你可以立即将其应用于一些简单但实用的工作场景，快速提升效率。

◎ **邮件 / 文档起草**：快速生成邮件、会议纪要、报告初稿等，节省写作时间。

◎ **信息搜集和整理**：快速查找网络信息、整理资料、提取关键信息，提高信息处理效率。

◎ **会议 / 活动策划辅助**：进行"头脑风暴"、生成初步方案、列出待办事项，辅助进行简单的策划工作。

◎ **翻译和润色**：进行简单的语言翻译、文字润色等工作，提升沟通效率。

◎ **简单图表制作**：制作简单的图表，例如柱状图、饼图等，辅助数据可视化（通过生成 Mermaid 或 HTML 代码的方式）。

对于刚刚踏上 AI 探索之旅的你，建议先从 V3 模型（在界面上不勾选"深度思考（R1）"选项）开始。就像学习游泳要先从浅水区开始练习一样，V3 模型就是这样一个友好的"浅水区"。它的特点是通用性强、响应快速，而且不需要太复杂的提示词，用日常对话的方式就能和它愉快交流。它像一位平易近人的老师，即使你提问的方式不够专业，它也能理解你的意思并给出合适的回答。

相比之下，R1 模型（在界面上勾选"深度思考（R1）"选项）就像一位学识渊博的教授。它确实更加强大，能进行更深入的思考和分析，但要想充分发挥其潜力，你可能需要掌握一些专业的对话技巧。就像和教授交流一样，你需要准备更专业的问题，用更准确的术语提问。所以，建议先和 V3 模型培养默契，等到对模型提问更有经验和心得时，再尝试挑战驾驭 R1 模型。

如果你想进一步拓展 DeepSeek 的能力，那么你还可以尝试将它与其他工具结合使用。例如，DeepSeek+即梦可以批量生成各种精美的图片，为内容创作增添视觉魅力；DeepSeek+Mermaid 可以批量生成各种复杂的图表，让数据呈现更加直观易懂。这些进阶技巧，我们会在第 3 章中详细介绍。

掌握 DeepSeek 的应用关键在于实践和探索。就像学习骑自行车，光看别人骑是不行的，一定要亲自体验。DeepSeek 就像一位耐心的教练，它的界面设计得非常友好，就等着你来大胆尝试。不要担心"摔跤"，因为在 AI 的世界里，失误并不会带来实际的伤害，反而能帮助你积累宝贵的经验。

在使用 DeepSeek 时，建议从最基础的任务开始。随着信心增加，可以逐步尝试更具挑战性的任务，比如让 DeepSeek 协助你进行市场分析，或者帮你策划一场活动。

记住，在 AI 技术的海洋里，你永远都是一名探险家！就像科学家们不断发现新的星球一样，AI 领域每天都在涌现新的技术和应用方法。今天你学会的使用技巧，明天可能就有了更新的玩法。所以，保持好奇心和学习热情特别重要，你可以订阅一些 AI 技术博客，加入相关的学习社群，让自己始终站在知识的浪潮之巅。

头脑风暴：

① 智能助手就像一个忠实的朋友，理解和交流的深度决定友谊的深度——要学会深度对话而不是肤浅交谈。

② 提问框架如同搭建桥梁，连接人类思维与 AI 智慧的两岸——结构化提问十分重要。

③ AI 的能力边界就像一个魔法圈，了解边界才能施展最强魔法——认知局限性的价值。

④ 多工具组合如同乐器合奏，单音再强也不如协同共鸣——工具协同的威力。

⑤ 使用 AI 就像驾驭马匹，熟悉马匹性格才能策马奔腾——了解特性的必要性。

⑥ 问题质量决定回答质量，就像种子决定果实——输入质量的关键作用。

⑦ 操作界面如同一张城市地图，熟悉路径才能快速到达目的地——熟悉基础操作的重要性。

⑧ AI 助手就像智慧放大镜，帮助看见思维盲区——AI 对人类思维的补充作用。

掌握 AI 不在于用它能做什么，而在于如何引导它做到最好——从使用者到驾驭者的蜕变，源于对 AI 特性的深度理解与创新应用。不是简单使用，而是智慧协同，创造超越单一智能的可能。

9. 如何理性看待 DeepSeek 的能力边界？

DeepSeek 这颗在 AI 浪潮中涌现的新星，确实吸引了无数人的目光，赞誉之声不绝于耳，仿佛拥有点石成金的魔力。然而，当我们面对这些"传说"时，更需要冷静下来，拨开云雾，探寻 DeepSeek 的真实面貌，既要看到它划破夜空的闪耀，也要认清它能力所及的边界，不被夸大的宣传所迷惑，做出理性的判断和决策。

DeepSeek 的爆火并非空穴来风，它在技术上的突破是实实在在的，也确实展现出了令人瞩目的实力。毫无疑问，DeepSeek 是拥有真才实学的技术强者。更令人惊喜的是，DeepSeek 在追求卓越性能的同时，还巧妙地控制了成本。DeepSeek 在特定领域展现出的"撒手锏"技能，也令人印象深刻。

然而，当我们沉浸在 DeepSeek 带来的诸多福利中时，也绝不能忽视其在实际使用中暴露出的种种不完美。就像一位身怀绝技的武林高手，也并非没有软肋。例如，在可靠性方面，权威机构的测试数据显示，DeepSeek-R1 模型的幻觉率竟然高于 GPT-4，这意味着在某些情况下，DeepSeek 可能会一本正经地胡说八道，这在需要高度准确性的医疗诊断等领域是不可接受的。在医疗诊断测试中，DeepSeek 的误诊率也高于 Claude-3.5，这进一步印证了其在可靠性方面仍有提升空间。

在应用体验方面，DeepSeek 也存在一些短板。例如，其官方网站的平均响应时间略逊于 Claude，即响应延迟；由于过于火爆，有时还会出现服务器繁忙的情况。在快节奏的应用场景中，这可能会影响用户体验。在多轮对话方面，DeepSeek 似乎也存在记忆衰退的问题，当对话轮数超过一定阈值后，它可能会遗忘之前的对话内容，影响上下文的连贯性。

围绕 DeepSeek，还存在着一些争议焦点，需要我们进行更深入的技术解析，以去伪存真，认清其真实水平。例如，关于"成本神话"的争议，DeepSeek 宣称其训练成本极低，这得益于其采用的动态稀疏计算等技术，提高了计算资源的利用率。但也有业内人士质疑，DeepSeek 实际使用的 H100 芯片数量可能远超官方宣称的水平，实际成本可能并没有那么"神"。关于"国产突破"的争议，DeepSeek 在中文自然语言处理（NLP）任务上的表现确实亮眼，超越了 GPT-4，但这并不意味着 DeepSeek 已经完全实现了技术自主可控，因为其核心框架仍然是基于 PyTorch 等开源框架构建的。关于"行业应用效果"的争议，虽然有广发证券等机构的案例表明，DeepSeek 在某些行业应用中确实能提升效率，但也有一些案例被证实存在数据夸大的嫌疑。关于"开源诚意"的争议，DeepSeek 虽然开源了 7B 和 67B 模型的完整权重和代码，展现出了一定的开放姿态，但其关键的 MoE 参数和训练数据仍然是闭源的，这意味着社区用户难以完整复现 DeepSeek 的全部技术，其开源的诚意可能还有待考量。

那么，我们应该如何理性地看待 DeepSeek 的能力边界，并更好地利用其优势呢？首先，要坚持"优势场景优先部署"的原则，将 DeepSeek 应用于其擅长的领域，例如完成复杂逻辑任务、中文自然语言处理任务，以及对成本敏感的任务。在这些任务领域，DeepSeek 可以充分发挥其技术优势，创造更大的价值。其次，要制定"风险规避策略"，对于涉及关键决策的场景，务必启用"三重验证"模式，对 DeepSeek 的输出结果进行交叉验证，在医疗、法律等对准确性要求极高的领域，强制要求 DeepSeek 标注数据来源，提高结果的可追溯性和可信度。对于敏感数据，可以考虑采用本地化部署方式，虽然私有云部署可能会增加一些时延，但可以更好地保障数据安全。在技术选型方面，也要进行充分的对比分析，例如，在代码开发领域，DeepSeek-Coder 可能更具优势；但在创意写作领域，Claude-3.5 可能更胜一筹；在多模态分析领域，GPT-4V 仍然是更优质的选择。

关于 DeepSeek 的能力边界，图 1-10 给出了更清晰的总结。

第 1 章　DeepSeek 入门：初识爆火 AI 新星

图 1-10

我们要清醒地认识到，DeepSeek 并非完美无缺的万能助手，其能力边界和局限性依然客观存在。因此，我们既要充分肯定 DeepSeek 的技术价值，也要理性看待其能力边界，根据具体需求选择合适的工具，并在应用过程中建立完善的结果验证机制，以更好地发挥 DeepSeek 的优势，规避其潜在风险，最终将其打造成人类提升生产力的认知增强工具，而不是被过度神化的"空中楼阁"。

头脑风暴：

① 前面多次提到，DeepSeek 就像一把"瑞士军刀"，它不是完美的神器，而是一个有着明确能力边界的工具集。关键在于找准它的最佳切入点，让每个功能都有其最适用的场景。

② "幻觉率"悖论：技术能力越强的模型，反而越容易产生巧妙的幻觉。这启示我们，AI 的进步不应只追求能力的提升，还要注重可靠性的平衡。

③ 开源与闭源的双刃剑效应：DeepSeek 通过部分开源获得了社区关注，但核心技术的闭源又制约了真正的开放创新。

④ "成本神话"的背后是一个普世真理：在 AI 领域，真正的技术突破往往需要在理论创新和工程实践之间找到微妙平衡。

⑤ 多轮对话中的"记忆衰退"现象揭示了一个深层问题：AI的智能本质上是一种拟态智能，它的局限性根植于其架构设计中。

关键启发：

AI工具的真实价值不在于它有多么"神奇"，而在于我们能否准确认知其能力边界，并在这个边界内最大化其效用。这需要我们摒弃技术崇拜，拥抱理性实用的心态。在评估和使用AI工具时，既要有远见，又要脚踏实地，在认清边界的基础上精准发力，以真正释放技术的价值。

10. DeepSeek的低成本优势是如何实现的？

DeepSeek之所以能位于AI的高山之巅，另辟蹊径走出一条"低成本"的康庄大道，并非仅靠单一的绝招，而是靠一套环环相扣、精妙绝伦的秘籍。这套秘籍的背后是一位武艺高强的大师，巧妙地运用了算法创新、工程优化、数据效率提升及商业策略实施等多种手段，最终创造了"花小钱办大事"的奇迹。

我们可以把DeepSeek的低成本优势，比作一场精心策划的成本"瘦身运动"。这场运动从模型的骨骼（架构）开始，深入血液（训练流程），再到肌肉（硬件利用），最终训练精明的头脑，才得以塑造出DeepSeek如今这般"身轻如燕"的体态，如图1-11所示。

图1-11

首先，在模型的"骨骼"层面，DeepSeek进行了大胆的架构创新，就好比在建筑设计中采用更轻盈、更坚固的材料。开发者明智地使用了混合专家系统（MoE），这项技术就像给模型配备了一个智囊团，这个智囊团由众多专家组成，但并非所有专家都在同一时间上班。当模型面对一个具体问题时，只有一小部分专家会被要求参与计算，而绝大部分专家则处于"休眠"状态。这种稀疏激活的机制，就像只在需要时才点亮灯泡一样，大大降低了模型的计算量和对硬件的需求，使推理阶段所需的GPU显存占用量大幅减少。为了进一步提升效率，DeepSeek还引入了多头潜在注意力（MLA）技术，这就像给模型的"眼睛"配备更先进的视觉处理芯片，使其在处理信息时更加高效，能更快地聚焦关键信息，从而再次降低计算成本。

在模型的"血液"层面，DeepSeek掀起了一场训练优化革命，就好比对传统的训练方法进行了一次彻底的革新。DeepSeek大胆采用了纯强化学习路径，摒弃了传统模型训练中常用的监督微调阶段。这就像让模型在无人指导的环境下自主学习和成长，大幅减少了其对人工标注数据的依赖。要知道，人工标注数据可是非常昂贵和耗时的。为了让强化学习更加高效，DeepSeek还创新性地提出了群体相对策略优化（GRPO）算法，该算法就像给强化学习过程安装了一个"涡轮增压发动机"，使其在同样的硬件条件下能处理更大规模的数据，训练速度更快，效率更高。为了在保证精度的前提下进一步压缩成本，DeepSeek还采用了FP8混合精度训练技术，这就像在计算中使用了更经济的数据格式，既能满足计算精度要求，又能大幅降低GPU的内存需求。同时，多token预测（MTP）技术也功不可没，它让模型在单次前向传播中能预测多个输出token，而不是像传统方法那样一次只能预测一个token，这就像多线程工作，显著提升了生成速度。

在模型的"肌肉"层面，DeepSeek实现了硬件优化，将硬件的潜能挖掘到了极致。其对计算效率进行了深度优化，通过定制CUDA内核，使H800 GPU的利用率远超行业平均水平，让GPU这台超级计算机以更高的效率运转起来。算子融合技术则进一步降低了计算过程中的通信开销，就像数据传输"高速公路"，减少了数据在不同计算单元之间传输的时间损耗。在集群管理方面，DeepSeek也展现了高超的技艺，其构建了庞大的GPU集群，并实现了超高的资源利用率，同时巧妙利用错峰训练调度，避开了硬件租赁高峰期，进一步降低了硬件成本。此外，DeepSeek还通过参数分片和梯度压缩等技术，对存储进行了精细化优化，大幅减少了显存交换和通信带宽需求，让硬件资源得到了更充分的利用。

在数据层面，DeepSeek 也进行了一场数据优化革命，彻底颠覆了"数据越多越好"的传统观念，转而追求"质量胜于数量"的新范式。其构建了一套高效的数据筛选体系，就像训练了一位数据品鉴大师，能从海量数据中精准筛选出高质量的数据，大大提高了数据利用效率。在强化学习过程中，DeepSeek 巧妙地实现了数据复用，让有限的数据发挥出更大的价值。DeepSeek 还掌握了冷启动技术，即使在只有少量"种子数据"的情况下，也能快速启动模型训练，并在短时间内达到很高的性能水平。

最后，在成本控制方面，DeepSeek 展现出了精细化的全链条管理能力，这就像一位精明的"管家"，在每个环节都力求节约。在硬件策略上，DeepSeek 积极拥抱国产硬件，提高了国产芯片的替代率，同时灵活采用动态 GPU 租赁策略，最大限度地降低硬件的采购和租赁成本。在能源管理方面，DeepSeek 的数据中心大量使用绿电，并采用先进的液冷技术，降低了能源消耗和运营成本。值得一提的是，DeepSeek 还将前期巨大的研发投入分摊到多个衍生模型中，有效降低了边际训练成本，使后续模型的训练成本大幅下降。

除了上述技术层面的创新，DeepSeek 的生态协同策略也为其构筑了坚实的成本护城河。开源策略是 DeepSeek 的重要一环，通过开放模型权重吸引了全球众多开发者参与到模型的优化和改进中，这无疑为 DeepSeek 节省了大量的研发成本，同时加速了技术的迭代和进步。DeepSeek 还积极构建产业联盟，与云计算平台和办公软件厂商合作，共同构建 AI 生态，进一步降低了训练资源和应用部署成本。在商业模式上，DeepSeek 也独辟蹊径，通过极具竞争力的 API 定价，以及庞大的用户规模，实现了以量取胜，有效分摊了成本。

然而，我们也要看到，DeepSeek 的低成本优势并非完美无缺，也存在一些争议和局限性。例如，早期的研发投入可能并未完全计入后期的成本核算，知识蒸馏技术也可能在一定程度上限制了模型的自主进化能力，对特定硬件的依赖也会带来一定的风险，在处理小语种问答和复杂多轮对话等长尾场景时，成本优势可能会有所减弱。

尽管如此，DeepSeek 还是通过一系列的技术创新和精细化管理，确实在低成本的道路上取得了令人瞩目的成就。它为我们展示了一种全新的 AI 大模型发展范式，验证了 AI 大模型不再仅仅是"烧钱"的代名词，而是可以通过技术创新和精益求精的管理，实现性能与成本的完美平衡，让更多人能享受 AI 技术红利，加速推动 AI 技术普及和代表性产品应用，这无疑是 DeepSeek 对 AI 领域做出的重要贡献。

头脑风暴：

①"专家轮班制"的智慧：就像一家高效的医院，不是所有专家都得24小时待命，而是按需轮值。MoE让AI模型也能实现按需唤醒专家，这完全颠覆了传统的"全员在岗"思维。

②"无师自通"的突破：放弃人工标注，转而让模型在实践中自主成长，这就像让孩子通过游戏自然习得知识，而不是对其进行"填鸭式"教育。这种范式转换启发我们重新思考学习的本质。

③"数据品酒师"理念：不是喝更多的酒，而是找到最好的酒。DeepSeek颠覆了"数据越多越好"的观念，转而追求精准筛选，这种质量导向的思维值得所有数据密集型行业从业者借鉴。

④"涡轮增压"效应：通过GRPO算法实现训练加速，就像给发动机装上涡轮增压器，用同样的能量产生更强的动力。这种效率提升的思维可以应用到各类优化场景中。

⑤"生态共生"战略：开源不是简单的免费公开，而是构建共生发展的生态系统。这种将竞争转化为协作的思维模式，启发我们重新思考商业竞争的本质。

 关键启发：

真正的创新不在于单点突破，而在于系统性思维的重构。DeepSeek的成功告诉我们，降本增效的真谛在于将看似对立的要素（性能与成本、开放与控制、质量与数量等）转化为相辅相成的整体性解决方案。

11. DeepSeek的开源是怎么回事？

DeepSeek的"开源"举动，就像一颗耀眼的流星划过夜幕，引发了广泛的关注和讨论。要理解DeepSeek的开源是怎么回事，以及它是否真的完全敞开了大门，需要像剥洋葱一样，一层层地解析其背后的技术细节和战略意图。

首先，我们得明确一个概念，DeepSeek的开源，并非传统软件领域那种"源代码全盘托出"的彻底开放，而是一种更具AI特色的"模型开源"。你可以把它看作，DeepSeek慷慨地向全世界分享了经过精心培育的AI大脑的"大脑皮层"——模型权重。

这就像一位武林高手，公开了自己的独门秘籍，但秘籍中最为核心的内功心法，仍然秘而不宣。

那么，模型权重开源究竟意味着什么呢？在AI世界里，一个大语言模型的"权重"就好比它的"记忆"和"知识库"，是模型经过海量数据训练后学习到的所有参数的集合。有了这些"权重"，你就可以驱动模型进行推理，让它回答问题、生成文本、编写代码，就像拥有了一个训练有素的智能助手。DeepSeek选择开源模型权重，就好比将原本高高在上的前沿AI技术，从少数巨头手中的"奢侈品"变成了更多人触手可及的"快消品"，这无疑大大降低了AI技术的应用门槛，让更多开发者、研究者甚至普通用户，能站在巨人的肩膀上，探索AI的无限可能。

具体来说，DeepSeek开源了哪些"干货"呢？最核心的，当然是模型权重本身。DeepSeek基于其强大的V3版本架构，开源了DeepSeek-R1和R1 Zero推理模型的权重，并采用了宽松的MIT许可证，这意味着，大家可以自由下载、使用、修改，甚至将模型用于商业用途，而无须支付任何费用。除了模型权重，DeepSeek还开放了推理框架，提供了Python接口和Ollama适配方案，让开发者能够更方便地将这些开源模型部署到自己的应用中，并支持处理长达128000 token的上下文，这在处理复杂任务时非常实用。更令人称道的是，DeepSeek还发布了详细的技术白皮书，十分透明地公开了其模型架构设计、强化学习训练策略等15项关键技术，这无疑为整个AI领域的知识共享和技术进步做出了积极贡献。甚至，DeepSeek还开源了一部分训练代码和数据清洗工具，构建了生态支持体系，包括部署工具链、评估基准和社区接口，力求为开发者提供更全面的支持。

然而，DeepSeek的开源并不是毫无保留的。就像那位武林高手，虽然公开了秘籍，但总会保留一些"压箱底"的心法。DeepSeek并没有开源完整的训练代码，仅仅公开了强化学习优化器部分的代码，这部分代码只是完整训练代码的冰山一角。这意味着，如果你想完全复现DeepSeek的训练流程，则仍然面临着巨大的挑战。原始训练数据如同模型训练的"燃料"，DeepSeek对此并未公开，仅仅公布了数据构成比例，这样做主要是出于对数据隐私、商业敏感性和版权等多方面的考量。此外，DeepSeek模型架构中至关重要的MoE路由参数，也采用了二进制加密格式存储，这意味着，我们虽然可以使用MoE模型，但无法深入了解其内部的专家网络是如何协同工作的。还有一些更底层的技术细节，例如硬件优化代码和随机数种子，DeepSeek也并未开源，这使模型的完全复现变得更加困难。

第1章 | DeepSeek 入门：初识爆火 AI 新星

那么，DeepSeek 的这种有所保留的开源策略，究竟应该如何评价呢？它算是完全开源吗？在技术界，对于开源的定义，其实并没有一个统一的、绝对的标准，特别是在 AI 这个快速发展的新兴领域。如果按照传统的 OSI（开放源代码促进会）对开源软件的定义来衡量，那么 DeepSeek 的开源实践或许只能说部分符合，因为它并没有完全满足"源代码开放""允许自由修改和分发"等条款。但如果放在 AI 开源模型的范畴来看，DeepSeek 的开放程度已经可以被认为是相当彻底和透明的了。我们可以将 DeepSeek 的开源看作一种战略性开源，它并非为了追求完全开放，而是为了在"开放"与"未开放"之间寻求一种微妙的平衡，既要借助开源的力量吸引全球开发者共同参与，构建繁荣的 AI 生态，又要保留自身的核心技术优势，维持商业竞争力。关于 DeepSeek 开源策略中的开放性与保密性的权衡，如图 1-12 所示。

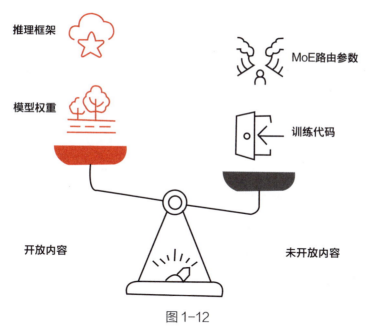

图 1-12

DeepSeek 的这种有限开源策略，在行业内引发了广泛而深远的影响。一方面，它无疑推动了技术的大众化，让更多人能以更低的成本接触到最先进的 AI 技术，加速了 AI 技术的普及和应用，为各行各业的智能化升级注入了新的活力。另一方面，DeepSeek 的开源也促进了技术的创新和进步，通过开源，DeepSeek 将自身的技术方案置于全球开发者的"聚光灯"下，接受来自各方的检验和优化，这无疑将加速技术的迭代和完善。但同时，DeepSeek 的开源也带来了一些潜在的风险和挑战。例如，虽然开源降低了模型的使用门槛，但也可能导致模型被滥用，甚至被用于一些不法用途。

此外，DeepSeek 的非完全开源模式也引发了一些关于"开源真伪"的争议，有人认为这只是"伪开源"，是为了商业利益而进行的炒作；还有人担心，这种有限开源模式可能会阻碍技术的真正开放和共享，使 AI 技术仍然只能掌握在少数巨头手中。

总之，DeepSeek 的开源是一项复杂而具有多重内涵的战略举措，它既展现了 DeepSeek 开放合作的姿态，也体现了其在商业竞争中的精明考量。我们既要看到 DeepSeek 开源的积极意义，也要对其局限性和潜在风险保持清醒的认识。DeepSeek 的开源实践，或许并非完全开源，但它无疑为 AI 领域的开源模式探索出了一条新的路径，其影响和意义，已经超越了开源本身，在于它预示着 AI 技术正在走向更加开放、协作、普惠的新时代。

 头脑风暴：

① **开源不是非黑即白的**：开源类似于一个光谱，就像光线透过棱镜会呈现出不同的色彩，开源也可以有不同程度和形式的开放。DeepSeek 的做法启示我们，可以在开放与未开放之间找到平衡点。

② **中国功夫电影中的"点到为止"**：武林高手在切磋时既展示实力又不会完全暴露底牌，DeepSeek 的开源策略正是对这种智慧的商业演绎。

③ **"技术大众化"的实验**：通过有限开源来降低使用门槛，让更多人能参与 AI 的发展，但同时保留核心竞争力，这是一种全新的技术扩散模式。

④ **全局与局部的平衡**：犹如下围棋，既要布局全盘，又要计算细节。DeepSeek 的开源策略展现了在技术、商业、社会责任之间的精妙平衡。

⑤ **"以退为进"的智慧**：看似是在"让渡"技术，实际是在构建更大的生态优势，这是一种高维度的商业思维。

在 AI 时代，开源已经从单纯的技术选择，演变成了一种复杂的战略工具，其本质是在开放与未开放之间寻找最优解，从而实现技术普惠与商业可持续的动态平衡。

12. DeepSeek 能在本地部署吗？

DeepSeek 在 AI 领域就好比一位横空出世的武林高手，它的出现让人们看到了 AI 技术普及的希望。很多人都好奇，这位"高手"能不能来到我们身边，在自己的计算机上施展拳脚？答案是肯定的，DeepSeek 确实支持本地部署，就像武林高手可以隐居山林，在僻静之地修炼武艺一样。

本地部署 DeepSeek，就好比把一位超级大脑请到你的书房。想象一下，你拥有了一个可以随时与你对话、为你解答疑惑、帮你写作、辅助你编程的智能伙伴，而且这个伙伴完全属于你，无须联网，无须担心数据泄露，是不是很酷？DeepSeek 的本地部署，正是为了满足大家这样的需求。

从技术层面来说，DeepSeek 的本地部署是完全可行的。DeepSeek 官方很贴心地推出了多个不同参数规模的模型版本，就好比武林高手有不同的功力等级，从"入门级"到"大师级"应有尽有。你可以根据个人计算机的配置，选择适合自己的模型版本。即使是配置普通的计算机，也能让参数规模较小的模型跑起来，体验 DeepSeek 的基本功能。而且，本地部署的工具也越来越成熟，像 Ollama、LM Studio 这样的软件让安装过程变得非常简单，只需要几步操作就能完成，就算是 AI 小白也能在十几分钟内轻松搞定。

本地部署 DeepSeek，最大的好处莫过于自主可控和低成本。一方面，模型运行在自己的计算机上，数据完全掌握在自己手中，不用担心隐私泄露，这对于需要处理敏感信息的用户来说，无疑是一大福音。另一方面，本地部署的模型，其运行成本几乎为零，因为计算资源都来自自己的设备，无须额外付费，也不用担心产生云服务费用账单，真正实现了"算力自由"。更重要的是，本地部署让设备端 AI 应用的爆发成为可能，DeepSeek 的出现，就像给端侧 AI 应用打了一针强心剂，让更多开发者看到了在个人设备上部署强大 AI 模型的希望，未来可能会涌现出各种各样的基于本地 DeepSeek 的创新应用，让人们的生活变得更加智能化。

然而，就像任何事物都有两面性一样，本地部署 DeepSeek 在享受自由可控和低成本利好的同时，也必然要付出代价，这个代价就是模型的"降智"。这里的降智，并不是说本地部署的模型就会变得愚笨不堪，而是相对于功能强大的在线模型而言，本地部署模型的智能水平确实会有一定程度的下降，就像一位被束缚了手脚的武林高手，其武力值自然会大打折扣。

这种降智是不可避免的,也是可以理解的。你想想,DeepSeek 的完全体(也就是前面我们提到的"满血版")可是拥有着巨大规模的参数,需要强大的算力才能驱动。而我们的个人计算机,硬件资源毕竟有限,无法与云计算中心的海量算力相提并论。为了让 DeepSeek 在个人计算机上"安家落户",就必须对其进行"瘦身",压缩模型体积,降低硬件需求。这种瘦身就好比给一位肌肉发达的运动员减重,虽然他变得更轻盈灵活了,但力量和爆发力也必然会受到影响。对于不同参数规模的模型,其对显存的需求和适用场景如表 1-4 所示。

表 1-4

参数规模	显存需求	适用场景
1.5B	4GB	简单问答
7B	8GB	文案生成
14B	16GB	代码开发
32B	24GB	数据分析
671B	1300GB	科研推理

模型的降智主要体现在以下几个方面。

首先是参数规模的暴力阉割。DeepSeek 开源的本地部署模型,其参数规模相比于在线版本大幅缩水,就像从豪华版变成了精简版,模型容量和知识储备都受到了限制。在线版本调用的是拥有数百亿个甚至数千亿个参数的 MoE 模型,而本地版本,即我们普通用户能跑起来的版本,往往调用的是只有几十亿个甚至十几亿个参数的模型,性能差距可想而知。

其次是硬件算力的残酷现实。即使你的计算机配置不错,显卡也是顶级配置的,但想要流畅运行 AI 大模型,仍然力不从心。本地部署的模型,其推理速度往往比较慢,尤其是在处理复杂任务或者生成长文本时,等待时间会比较长,难以满足对实时性要求较高的应用场景。

再次是功能上的精简和阉割。为了降低硬件压力,本地部署的模型往往会对一些高级功能进行精简,例如多模态功能、联网搜索功能等,本地版本的功能往往只剩下最基本的文本对话和生成,应用场景会受到一定的限制。

最后是模型性能的衰减。由于参数压缩、量化损失、硬件限制等多重因素的影响,本地部署的模型在一些复杂任务上的表现，会明显不如在线版本。例如，在代码生成方面，本地版本生成的代码质量可能会下降；在处理逻辑复杂的问题时，本地版本的推理能力可能会减弱；在进行长程对话时，本地版本可能会更容易"失忆"，忘记之前的对话内容。

那么，面对本地部署 DeepSeek 的降智问题，我们该如何看待，又该如何应对呢？如图 1-13 所示。

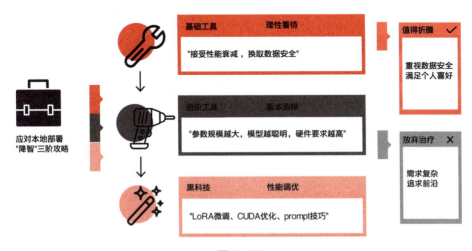

图 1-13

首先，我们要理性看待本地部署 DeepSeek 的性能衰减。降智是不可避免的，也是一个权衡利弊的选择。本地部署追求的是自主可控和低成本，而性能上的牺牲则是为了实现这些目标所付出的代价。如果你对模型性能要求不高，只是想体验一下 AI 大模型的基本功能，或者对数据安全有较高的要求，那么本地部署仍然是一个不错的选择。

其次，我们要根据实际需求选择合适的模型版本。DeepSeek 官方提供了不同参数规模的本地部署模型，参数规模越大，模型越"聪明"，但对硬件的要求也越高。你可以根据个人计算机的配置和应用场景，选择最合适的模型版本，在性能和硬件要求之间找到平衡。

最后，我们可以借助一些"黑科技"来对本地部署进行性能调优。例如，可以使用 LoRA 微调技术，对本地部署模型进行定向增强，提升其在特定领域的性能；可以尝试一些"邪道"方案，例如 CUDA 优化等，以此来提高模型的推理速度；还可以探索一些"玄学调教大法",通过巧妙的 prompt 技巧来诱导模型发挥出更强的水平。

那么,DeepSeek 本地部署,究竟值不值得我们去"折腾"呢?这其实是一个需求导向的问题,要根据自己的实际需求来量体裁衣。

如果你满足以下情况,或许可以考虑本地部署:

◎ **重视数据安全**:你需要处理一些公司机密文件,对数据安全要求极高,宁可牺牲一些智能,也要确保数据不出门,本地部署可以满足你的数据安全至上的需求。

◎ **满足个人喜好**:你只是想把 AI 大模型当作一个"赛博宠物"来养,看着显卡吭哧吭哧地跑模型,就像看着鱼缸里的鱼儿自由自在地游弋,纯粹是为了满足一种技术极客的"收集癖"和"控制欲"。

但如果你属于以下情况,我劝你还是尽早"放弃治疗",摒弃本地部署的念头:

◎ **需求复杂**:你的工作流程严重依赖 AI 大模型的智能程度,例如,你需要用它来完成复杂的代码编写、数据分析、报告撰写等专业任务,本地部署的降智版 DeepSeek 可能会让你抓狂,等待漫长的响应时间,最终却得到一个逻辑混乱、错误百出的结果,还不如自己动手来得快。

◎ **追求前沿**:你是一个追求前沿科技体验的弄潮儿,渴望体验最先进的 AI 技术,本地部署的 DeepSeek 就像过时的玩具,在线版本都已经开始玩脑机接口了,你却还在抱着一个阉割版的模型自娱自乐,未免显得有些落伍。

总之,DeepSeek 本地部署,就像一把双刃剑,它在带来自由可控和低成本的同时,也牺牲了一些性能。降智是客观存在的,但并非完全不可接受。关键在于,我们要根据自己的实际需求权衡利弊,理性选择。如果你追求极致的性能体验,或者需要处理复杂的任务,那么在线版本或许是更好的选择。但如果你更重视数据安全和自主可控,或者只是想体验一下本地 AI 大模型的乐趣,那么本地部署 DeepSeek 仍然是一个值得尝试的选择。

① **算力的困境与人类智慧的平行线**:就像人类大脑只使用了很小一部分潜能一样,我们的个人计算机同样只能发挥 AI 的很小一部分能力。真正的智慧不在于追求

巨大的规模，而在于如何更有效地利用有限的资源。

② **降维打击的另一面**：本地部署看似降智，实则是一种智慧的重构，通过压缩和优化，反而可能催生出更精练、更高效的 AI 应用模式。

③ **"赛博宠物"经济学**：本地部署创造了一种全新的人机互动关系，就像养宠物一样，性能并非唯一追求，情感联结和掌控感同样重要。

④ **数据主权新范式**：本地部署开创了个人 AI 主权时代，未来可能会出现"云端 + 本地"混合部署的新范式。

⑤ **算力大众化**：本地部署让 AI 从"贵族技术"转变为"平民应用"，这种普及化趋势可能重塑整个 AI 产业生态。

关键启发：

AI 的未来不在于创造完美的"超级大脑"，而在于让每个人都能拥有属于自己的"迷你智者"，这才是真正的智能大众化之路。

13. DeepSeek 的出现对国内 AI 行业格局有何影响？

DeepSeek 的横空出世，就像一块巨石被投入国内 AI 行业这潭平静的湖水，激起了千层浪，彻底搅动了原有的格局。如果说之前的国内 AI 行业还是一汪相对平静的池塘，那么 DeepSeek 的出现就仿佛引爆了一场 AI 海啸，其影响之深远，波及范围之广阔，都远超人们的想象。

DeepSeek 对国内 AI 行业格局的重塑并不是单一维度的改变，而是多维度、立体式的变革，其影响可以用"颠覆性"来形容。这场变革不仅改变了技术路线的选择，重构了市场竞争的格局，还重塑了产业生态，甚至在全球 AI 竞争中为中国赢得了更多的话语权。具体来说，DeepSeek 对国内 AI 行业格局的影响如图 1-14 所示。

图 1-14

首先，DeepSeek 给国内 AI 行业带来了一场技术路线上的革新。如果说过去国内 AI 行业的发展还停留在唯算力论的阶段，大家都在比拼谁的算力更强、谁的数据更多，那么 DeepSeek 的出现则让人们意识到，AI 的发展不能仅仅依靠堆砌算力，还要注重算法的创新。DeepSeek 通过混合专家系统（MoE）和多头潜在注意力（MLA）机制，证明了"四两拨千斤"的可能性。开发者用远低于行业平均水平的成本，训练出了性能比肩甚至超越 OpenAI 顶级模型的大模型，这无疑给国内 AI 企业指明了一条新的发展道路——与其一味地追求"大力出奇迹"，不如转而追求"巧力取胜"，通过算法创新来提升 AI 大模型的效率和性能。DeepSeek 的示范效应是巨大的，它就像一个破局者，打破了算力垄断的迷思，让更多中小型企业看到了参与大模型研发的希望。如今，MoE 已经成为行业标配，国内各大 AI 巨头，包括百度、阿里巴巴、腾讯等，都纷纷调整技术路线，向 MoE 靠拢，甚至出现了"模型套娃"的现象。据统计，目前国内 70% 新发布的大模型，都是基于 DeepSeek 进行二次开发的。

其次，DeepSeek 的出现对国内 AI 市场的竞争格局进行了重塑。如果说过去国内 AI 市场还呈现出金字塔结构——头部企业占据绝对优势，中小型企业生存空间狭窄，那么 DeepSeek 的出现绝对加速了金字塔结构的坍塌，打破了原有市场竞争格局的平衡。曾经在市场上占据主导地位的 AI 头部企业，例如百度、阿里巴巴等，受到了 DeepSeek 的强力冲击，市场份额大幅缩水，用户流失严重。另一方面，一大批新兴的 AI 创业公司如雨后春笋般涌现出来，据不完全统计，目前国内已经出现了 300 多家基于 DeepSeek 进行创业的公司，这些"模型游击队"凭借 DeepSeek 的开源和低成本优势，在各个细分领域快速崛起，甚至有一些初创企业仅仅依靠小规模的DeepSeek模型，就在医疗、法律等专业领域取得了令人瞩目的成果。与此同时，原本在AI市场中占据边缘地位的国企也开始借助DeepSeek的力量强势崛起，在政务、金融、能源等领域承接了大量AI被项目，甚至出现了"80%的政务AI项目被强制要求兼容DeepSeek"的现象。就连原本高高在上的硬件厂商也感受到了市场的寒意，推理服务器的价格战愈演愈烈，库存积压严重。可以说，DeepSeek的出现让国内AI市场从"寡头垄断"走向"百花齐放"，竞争格局发生了翻天覆地的变化。

最后，DeepSeek重构了国内AI产业生态。如果说过去国内AI产业生态还相对封闭和保守，那么DeepSeek的出现可谓打破了这种封闭状态，构建了一个更加开放、协作、繁荣的新生态。DeepSeek积极拥抱开源，不仅开源了模型，还开放了技术文档、代码工具，吸引了大量开发者参与到DeepSeek生态的建设中。据统计，DeepSeek开源社区的贡献者数量激增，GitHub中国区AI项目数量也大幅增长，各种基于DeepSeek的二次开发项目层出不穷，模型微调工具链也日趋成熟，垂直领域的适配成本大幅降低。DeepSeek的开源策略就像一把金钥匙，打开了国内AI产业生态的"潘多拉魔盒"，释放了巨大的创新活力，加速了技术的普及和应用。与此同时，DeepSeek的低成本优势也让AI技术开始加速向各行各业渗透，制造业、金融行业、医疗健康等传统行业，都纷纷拥抱DeepSeek，探索AI赋能的新模式。AI技术的应用场景也从少数高科技领域，扩展到了更广泛的传统行业，甚至深入基层。例如，一些县级医院也开始部署基于DeepSeek的医疗助手，辅助医生进行诊断，提高了医疗诊断效率和质量。

然而，在看到DeepSeek为国内AI行业带来巨大机遇的同时，也要清醒地认识到，DeepSeek的快速发展也带来了一些潜在的风险和隐患。

首先，技术空心化风险不容忽视。虽然DeepSeek的技术创新令人瞩目，但目前国内AI行业对DeepSeek的依赖性也越来越强。据统计，目前国内78%的新模型，实际上都是基于DeepSeek进行微调和二次开发而得到的，真正的原创性技术突破相对不足。长此以往，可能会导致国内AI行业陷入技术空心化的危机，缺乏自主可控的核心技术。

其次，监管滞后的挑战日益凸显。DeepSeek的开源降低了AI技术的使用门槛，但也使AI技术的滥用风险增加。例如，一些不法分子开始利用DeepSeek的开源模型进行网络诈骗、虚假信息传播等活动，给社会治理带来了新的挑战。现有的监管体系可能难以有效应对这些挑战，如何在鼓励技术创新和加强安全监管之间取得平衡，是一个亟待解决的问题。

最后，市场无序竞争苗头显现。DeepSeek 的出现虽然打破了市场垄断，但也加剧了市场竞争的激烈程度。一些企业为了抢占市场份额，不惜采取"价格战"等恶性竞争手段，导致行业利润空间被压缩，人才流失加剧，不利于行业长期健康发展。

总之，DeepSeek 的出现无疑是国内 AI 行业发展历程中的一个重要里程碑，它以其颠覆性的技术创新和开源策略，重塑了国内 AI 行业格局，带来了前所未有的发展机遇，但也带来了一些不可忽视的挑战和隐患。DeepSeek 正在推动中国 AI 产业实现三重跨越：从算力追随者转向生态主导者；从应用跟随者升级为技术并跑者；从封闭开发走向开源共建。但未来的路还很长，DeepSeek 能否持续引领国内 AI 行业健康发展，国内 AI 企业将如何抓住机遇、应对挑战，最终共同书写中国 AI 产业的新篇章……这些问题依然值得关注。

头脑风暴：

① **破局者效应**：DeepSeek 就像一块被投入平静湖水中的巨石，不仅激起巨浪，还打破了原有的平衡，让整个生态系统开始重构。有时候真正的创新不是循序渐进的，而是需要一个破局者做出颠覆性"打破"的行动。

② **算力解放论**：DeepSeek 用"四两拨千斤"的方式证明了 AI 发展不是"堆料"游戏，而是智慧竞争。在很多领域，突破的关键往往不是资源的多寡，而是思维模式能否转变。

③ **开源催化剂**：DeepSeek 的开源策略如同向科技土壤里撒下的种子，催生出整个创新生态系统。开放往往比封闭能带来更大的价值增长。

④ **双刃剑定律**：DeepSeek 在带来机遇的同时，也带来了挑战，这符合任何重大创新都是一把双刃剑的规律。关键是要在创新与管控之间找到平衡。

⑤ **跃迁式进化**：DeepSeek 推动中国 AI 产业从跟随到并跑，这种跨越不是量的积累，而是质的飞跃。真正的赶超往往需要换道超车而非跟随超车。

第1章　DeepSeek 入门：初识爆火 AI 新星

关键启发：

创新的本质不在于资源的堆砌，而在于思维模式的革新。真正的突破往往来自对既有范式的挑战和重构。

恭喜你！通过本章的探索，相信你已经对 DeepSeek 有了初步而清晰的认识。我们介绍了 DeepSeek 的爆火原因、主要功能和应用场景，也解答了一些关于成本、开源、部署等的实际问题。DeepSeek 不再遥不可及，而是变得触手可及，与我们的生活息息相关。但是，仅了解"是什么"还不够，还要探究"为什么"和"怎么做"。下一章，我们将深入 DeepSeek 的技术内核，一起探寻其智能奥秘。

第 2 章
DeepSeek 技术揭秘：
探寻智能内核

通过上一章，我们初步认识了 DeepSeek 这位 AI 新星。这就如同了解一个人，仅仅知道他的名字和外貌是远远不够的，还要深入了解他的内在品质和能力。我们要真正理解 DeepSeek，就必须深入其技术内核，探寻其智能的奥秘。下面我们拨开技术迷雾，从核心原理、训练方式、独特技术等多个维度，揭示 DeepSeek 高性能背后的秘密，并解答公众普遍关心的技术争议和伦理问题。准备好了吗？让我们一起踏上这场硬核的技术探险之旅！

1. DeepSeek 的核心技术原理是什么?

说到底,DeepSeek 就是一个大语言模型(Large Language Model,LLM)。接下来,让我们一起来看看 LLM 是如何工作的。

LLM 就像一位博览群书、出口成章的"超级学霸",但它并非人类,而是一种精巧的计算机程序。它能理解人类的语言,并以流畅、自然的文字与我们交流,甚至能写诗作赋、编写代码、解答各种问题,仿佛拥有人类的智慧。那么,这些神奇的 LLM,究竟是如何工作的呢?这背后又隐藏着怎样的技术奥秘呢?

我们可以把它想象成一个"文字加工厂"。这个工厂的原材料是浩如烟海的文本数据,包括书籍、网页、新闻报道、社交媒体中的帖子等,几乎涵盖了互联网上所有能找到的文字资料。而这个工厂的核心生产线就是一种名为"深度学习"的先进技术,特别是其中的 Transformer 架构。

LLM 的工作流程就像一条精密的"文字生成流水线",可以分为以下几个关键步骤,如图 2-1 所示。

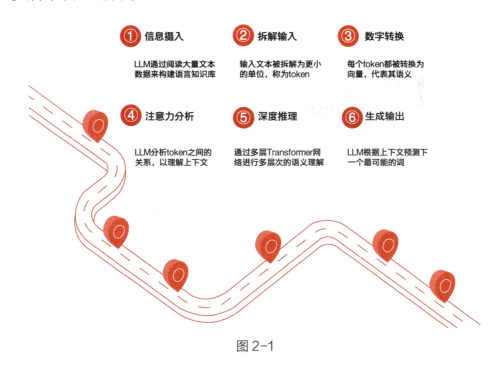

图 2-1

第一步，信息摄入：海量阅读，构建语言知识库。就像一个勤奋的学生，LLM 首先要做的就是大量"阅读"各种各样的文本资料，构建起一个庞大的"语言知识库"。这个"知识库"有多大呢？它简直可以用天文数字来形容。例如 GPT-3，据说它"阅读"了相当于人类连续阅读 100 万年都读不完的文本量，中文 LLM 的训练数据量，也达到了惊人的 10 万亿个字符，相当于 1000 万本《红楼梦》，如图 2-2 所示。通过海量阅读，LLM 就像一个婴儿学习说话一样，逐渐建立起了对语言的"直觉"。它开始意识到，哪些词语经常在一起出现，哪些句子结构是符合语法规范的，哪些表达方式是自然、流畅的。例如，它会发现"猫"和"吃鱼"经常一起出现，而"鱼"和"吃猫"很少一起出现，从而形成一些基本的常识。它还会学习到，银行这个词的英文"bank"，在金融语境下指的是金融机构，在河边语境下指的是河岸，从而理解词语在不同语境下的不同含义。关于阅读和学习的详细过程，我们将在对下一个问题的研讨中深入展开。

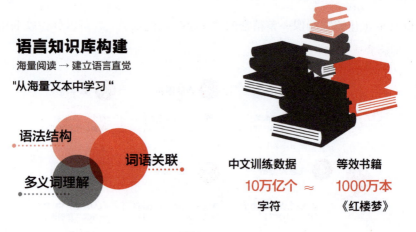

图 2-2

第二步，拆解输入：化整为零，将文字切分成 token。当我们向 LLM 提出一个问题，或者给它一段指令时，LLM 首先要做的是将我们输入的文本"拆解"成一个个更小的单元，就像"切香肠"一样，把长句子切分成小段的 token。什么是 token 呢？你可以把它简单理解为"词语"或者"字词"，但它又不完全等同于我们日常所说的词语（实际上，token 的定义非常灵活，可以是词、词的一部分，也可以是单个字符，这取决于具体的分词器和语言）。例如，对于中文文本"我想吃火锅"，可能会被拆解成 ["我"，"想"，"吃"，"火锅"] 这几个 token；对于英文文本"I want to eat hotpot"，可能会被拆解成 ["I"，"want"，"to"，"eat"，"hot"，"pot"]

这样几个 token，如图 2-3 所示。不同的 LLM 采用的分词（也叫作词元化）方法可能会有所不同，常见的有 WordPiece、BPE（Byte Pair Encoding）等。BPE 分词器偏向于字节对编码，并不完全对应人类语言的词语概念。为什么要进行分词呢？因为计算机并不能像我们人类一样直接理解文字的含义，而是要将文字转换成计算机能处理的数字形式，而 token 就是转换过程中的基本单元。

图 2-3

第三步，数字转换：文字变"密码"，将 token 转换成向量。在完成分词之后，LLM 会将每一个 token 都转换成一串数字，这串数字在机器学习领域中被称为向量。你可以把向量想象成一个密码，每一个 token 对应着一个独一无二的密码。通常向量的维度非常高，如常见的维度有 768 维、1024 维，甚至更高。这些数字看似毫无意义，却蕴含着丰富的语义信息。LLM 通过精巧的算法，将词语的语义关系编码到这些向量中。例如，"火锅"这个词经过向量转换后可能会得到一个 768 维的向量 [0.24，–0.57，…，0.83]。这个向量就代表了"火锅"的语义信息。而且，语义上越相近的词语，对应的向量在空间中的距离就越接近。例如，"火锅"和"烧烤"在语义上比较接近，它们的向量之间的余弦相似度可能会达到 0.82，而"火锅"和"数学"在语义上相差甚远，它们的向量之间的余弦相似度可能只有 0.03。

第四步，注意力分析：抓住重点，建立词语之间的关联。当 LLM 接收到一句话，如"重庆火锅很辣"时，它并不会孤立地理解每一个 token，而是会通过一种名为"注意力机制"的技术来分析这句话中各个 token 之间的相互关系，就像我们人类阅读文章时，会自然而然地注意到关键词语，并理解它们之间的关系一样。在处理"重庆火锅很辣"这句话时，LLM 可能会发现"重庆"和"火锅"之间存在着非常强的关联性，因为"重庆火锅"是一个常见的搭配,它们的注意力权重可能会达到0.91;"辣"和"火锅"之间也存在一定的关联性,因为"火锅"通常是比较辛辣的食物,它们的注意力权重可能会达到0.67;而像"很"这样的程度副词,虽然本身语义信息不多,但它可以用来修饰"辣"的程度,因此也会获得一定的注意力权重。通过注意力机制,LLM 能有效地抓住句子中的重点信息,建立起词语之间的关联,为后续的深度推理打下基础。

第五步,深度推理:层层递进,多层次语义理解。在完成注意力分析之后,LLM 会将 token 向量和注意力权重输入一个由多个 Transformer 层堆叠而成的深度神经网络,进行多层次的深度推理。Transformer 架构是 LLM 的核心组成部分,它就像一个精密的多部门协作的机构,由编码器(Encoder)和解码器(Decoder)两部分组成。编码器负责理解输入文本的含义,就像编辑部的审稿人员仔细研读来稿,分析文章的主题、结构、逻辑一样;解码器负责生成输出文本,就像作家根据审稿人员的意见进行创作和写作一样。在 Transformer 架构中,每一层都会对输入信息进行不同层面的加工和处理。例如,在处理"重庆火锅很辣"这句话时,浅层的 Transformer 层可能主要关注的是词语的基础语义,例如将"火锅"识别为一种"食物";中层的 Transformer 层可能会关注词语之间的关联性,例如将"重庆"和"火锅"关联起来,理解"重庆"指的是火锅的地域属性,并提取出"麻辣"等地域特征;深层的 Transformer 层可能会进行更高级的语义推理,例如分析"辣"这种味道所蕴含的情感倾向,如"刺激""痛苦"等,并进一步推断出,为了缓解"辣"带来的不适感,可能需要搭配一些"解辣饮料"。通过多层 Transformer 架构层层递进式的处理,LLM 能从不同层面、不同角度,深入理解输入文本的语义信息,为最终的输出生成做好充分的准备。值得一提的是,在 Transformer 架构中,还引入了一种名为"残差连接"的机制。这种机制就像在信息传递过程中增加了"多副本传递"环节,确保重要信息不会在层层传递中丢失,从而有效地提升了模型的性能。

第六步,生成输出:概率预测,选择最合适的下一个词。经过多层 Transformer 的深度推理之后,LLM 最终会来到生成输出环节。它的任务是,根据上文的语境,预测"下一个最有可能出现的词语"是什么。LLM 的预测并不是"非黑即白"的,而是基于概率分布的。也就是说,对于每一个可能的词语,LLM 都会预测一个概率值,表示这个词语在当前语境下出现的可能性大小。例如,在生成"重庆火锅很辣,建议搭配"这句话时,LLM 可能会预测下一个词语为"豆奶"的概率是 38%,为"酸奶"

的概率是 25%，为"啤酒"的概率是 18%，是其他词语的概率则更低。最终，LLM 会根据这个概率分布，选择一个概率最高的词语作为输出的"下一个词"。具体选择哪一个词语，还受到一个名为"温度参数"的超参数的控制。温度参数可以用来调节模型输出的随机性。如果温度参数设置得比较低，如 0.2，则模型会倾向于选择概率最高的词语，输出结果会比较保守和确定；如果温度参数设置得比较高，如 1.0，则模型会更倾向于从概率分布中随机选择词语，输出结果会更具创造性和多样性。这就像"概率赌博"一样，LLM 会在概率分布中"掷骰子"，最终掷出哪个词语有一定的必然性，也有一定的偶然性，而这也正是 LLM 生成的文本具有一定"创造性"的奥秘所在。

通过以上六个步骤，LLM 就完成了一次完整的"文字生成"过程。当然，在实际应用中，LLM 的工作流程远比上面描述的要复杂得多，其中涉及各种各样的技术细节和优化技巧。但总的来说，LLM 的工作原理就是这样一个"信息摄入 – 拆解输入 – 数字转换 – 注意力分析 – 深度推理 – 生成输出"循环迭代的过程。

LLM 的能力本质上来源于其对海量文本数据中蕴含的"统计规律"的学习和掌握。它可以从数据中学习到词汇的搭配规律、语法的规则、句子的结构、篇章的组织方式，甚至能理解一些常识性的知识和简单的逻辑推理。正是基于这些"统计规律"，LLM 才能生成自然流畅、语义连贯的文本，与人类进行自然的对话交流。

然而，我们也要清醒地认识到，LLM 的"智能"仍然是一种"基于记忆而非理解"的智能。它能记住"汤姆·克鲁斯的母亲是玛丽·李·菲佛"，但它不能真正理解"母亲"和"儿子"之间的亲属关系，也无法像人类一样进行反向推理，从"玛丽·李·菲佛"反推出"她的儿子是汤姆·克鲁斯"。LLM 的知识，本质上是一种"压缩失真"的知识。它将 TB 级别的训练数据压缩成只有几百 GB 甚至更小的模型参数，这种压缩必然会导致信息的丢失和失真，从而产生所谓的"幻觉"现象，即 LLM 有时会"一本正经地胡说八道"，生成一些看似合理，实则错误的内容。实际上，"幻觉"的成因更为复杂，还可能与训练数据偏差、模型训练目标、解码策略等多种因素有关。此外，LLM 的知识库也是"静态"的，它所掌握的知识仅仅局限于训练数据所覆盖的范围，对于训练数据截止日期之后发生的新闻事件，LLM 往往一无所知，这就像 2024 年出版的一本百科全书无法收录 2025 年发生的新事件一样。为了打破 LLM 的这些局限性，研究人员也在不断探索新的技术方向，例如检索增强、知识图谱、外部记忆等，力求让 LLM 变得更加智能、可靠、可信。

总之，LLM 是一种基于深度学习的超强"文字预测器"，它通过学习海量文本数据，掌握了复杂的语言规律，能生成高质量的自然语言文本，并在各种应用场景中展现出强大的潜力。虽然 LLM 的"智能"仍然存在一些局限性，但随着技术的不断进步，我们有理由相信 LLM 的未来将会更加光明，它将会在人类社会中扮演越来越重要的角色，为我们的生活和工作带来更加深刻的变革。

 头脑风暴：

① **"文字加工厂"的思维跃迁**：LLM 就像一个把数字化"原料"变成智慧"产品"的工厂，通过"文字→数字→向量→注意力→语义→新文字"流程完成维度的跨越，这不就是人类大脑的工作方式吗？接收→处理→创造！

② **"概率赌博"的创造性启示**：温度参数调节像是在调节"灵感开关"，低温保守稳定，高温创新多变，创造力源于不确定性的美妙平衡点。

③ **"压缩失真"的认知突破**：TB 级数据压缩为 GB 级参数，像是给整个互联网做了一次"脑部手术"，知识的"有损压缩"反映了智能的本质，这不正是人类学习的过程吗？抽象→概括→简化！

④ **"多部门协作"的系统思维**：Transformer 架构像一个精密的组织机构，编码器审稿、解码器创作，分工协作，残差连接确保信息不丢失，像极了组织中的"双线联系"。

⑤ **从"统计规律"到"智能涌现"**：从海量数据中提炼出语言规律，量变引发质变，涌现出类智能特征，这揭示了复杂系统的普遍规律。

LLM 的本质是一场跨越数字与语义的维度转换实验，它通过对海量数据的压缩与重构，在确定性与随机性的边界处孕育出一种全新的"类智能"形态。真正的创新往往就发生在不同维度的交汇处，而智能的本质可能就藏在"压缩 – 重构 – 涌现"这个永恒的循环之中。

2. 大语言模型是如何训练的？

LLM 的训练就好比一场"数据炼丹"，炼丹师（AI 工程师）以海量的数据为原材料，以精巧的算法为炉火,历经千锤百炼,最终炼制出拥有"智能"的 AI 模型。这个炼丹的过程复杂而漫长,需要耗费巨大的算力和人力,堪称现代科技的"登峰造极"之作。要想理解 LLM 是如何炼成的,我们就需要像解剖青蛙一样,一步一步地剖析这个复杂的训练过程。

LLM 的训练过程可以分为三个主要的阶段:预训练(Pre-training)、监督微调(Supervised Fine-tuning,SFT)和强化学习(Reinforcement Learning,RL),如图 2-4 所示。

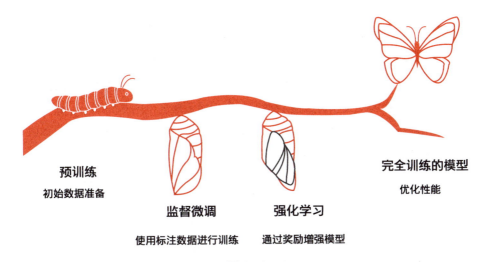

图 2-4

第一阶段,预训练:构建语言能力的"地基"。预训练是 LLM 训练过程中最漫长、最耗时、最核心的阶段,它的目标是让模型通过"阅读"海量的文本数据,学习语言的基本规律,构建起一个庞大的"语言知识库",就像盖房子打地基一样,地基打得越牢固,房子才能盖得越高大。

预训练的第一步是"数据准备",也就是为 LLM 准备"炼丹"的原材料。这个原材料必须是海量的、高质量的文本数据,数据量通常达到 TB 级别,来源也必须多样化,如网页、书籍、新闻、代码、论文、对话记录等,数据来自越多的领域、越多样化,LLM 就越"博学多才",越"通用智能"。有了数据,还需要进行一系列的"预处理",就像食材在下锅之前需要清洗、切配一样。首先要进行"数据清洗",去除数据中的"杂质",例如 HTML 标签、重复文本、低质量内容、敏感信息等,保证数据的"纯净度"。接着要进行"分词",将连续的文本切分成一个个更小的单元,也就是 token,就像前面讲过的"切香肠"一样。不同的语言,分词方法可能不同,英文通常采用 BPE 分词器，中文常用 WordPiece 算法或者 jieba 分词工具。分词的目的是让模型更好地理解和处理文本，降低"词表外词汇"（Out-of-Vocabulary，OOV）的问题。有时候，为了让模型学得更好，还需要进行"数据增强"，就像给学生布置一些有难度的练习题一样，通过随机删除、替换文本中的一些词语，人为地制造一些"学习难度"，迫使模型更加努力地去学习和理解语言的规律。

预训练的第二步是"模型架构搭建"，也就是为 LLM 搭建"炼丹炉"。目前，最主流、最有效的"炼丹炉"是 Transformer 架构。Transformer 架构就像一个精密的"生产车间"，它由多个复杂的 Transformer 层堆叠而成，每一层都包含自注意力机制及其他精巧的设计，层数越多，模型就越"深"，参数规模就越大，"炼丹"的能力也就越强。GPT-3 的 Transformer 层数多达 96 层，参数规模高达 1750 亿个。Transformer 架构之所以如此强大，核心在于其自注意力机制。正如前文所述，自注意力机制就像一个"聚光灯"，让模型在处理文本时，能动态地关注到输入序列中的不同部分，建立起词语之间的长距离依赖关系，更好地理解上下文语境，这对于模型处理长文本、理解复杂语义至关重要。为了让 Transformer 架构更好地处理序列数据，还需要引入"位置编码"。位置编码就像给每个词语都打上一个"位置标签"，让模型记住词语在句子中的顺序信息，因为在语言中，词语的顺序是非常重要的，不同的语序可能会表达完全不同的含义。搭建"炼丹炉"的同时，LLM 还需要考虑硬件的匹配问题，不同的模型规模需要不同的硬件配置，参数规模较小的模型，如 7B 参数的模型，8 张 A100 80G 显卡就能训练，但对于参数规模巨大的模型，如 500B+ 参数的模型，则需要专门的超算中心，动辄上千张甚至上万张顶级 GPU 协同工作，训练时间也从几天到几个月不等。

值得一提的是，训练需要的显卡和推理时（也就是使用时）需要的显卡不是一个量级的。训练 LLM 需要大量的计算资源，通常需要数百张甚至数千张高端显卡组成的 GPU 集群，比如 A100、H100 这样的数据中心级 GPU。这是因为训练过程需要同时处理海量的数据、计算梯度、更新模型参数，计算量和内存需求都非常大。而推理时，模型已经训练完成，只需要进行前向计算，不需要计算梯度和更新参数，计算量和内存需求都大大降低。因此，前面我们提到本地部署 7B 模型在 RTX 3060 显卡上就能流畅运行，指的是推理时的情况。这也是为什么普通用户可以在自己的电脑上运行一些较小规模的语言模型，但训练这些模型则需要专业的计算集群。

预训练的第三步是"自监督训练"，也就是"炼丹"的核心环节。预训练采用的是自监督学习的方式，简单来说，就是让模型自己从海量无标注的文本数据中学习，不需要人工标注的数据，这就好比让学生自己看书学习，不是老师手把手地教。自监督学习主要通过设计一些巧妙的预训练任务来实现。最常用的预训练任务有两种：掩码语言建模（Masked Language Modeling，MLM）和自回归语言建模。掩码语言建模也就是我们常说的"完形填空"式任务，随机遮盖输入文本中的一部分词语（通常是15%左右），让模型根据上下文语境，预测被遮盖的词语。例如，给定句子"猫坐在（ ）上"，模型需要预测缺失的词语是"垫子"。自回归语言建模也就是我们常说的"文本续写"式任务，让模型根据已经给定的上文，预测下一个最有可能出现的词语。例如，给定上文"床前明月"，模型需要预测下一个词语是"光"。除了完形填空式和续写式任务，预训练任务还有很多种。例如，有些模型还会学习判断两个句子的语义是否相似，或者从一段文本中抽取关键信息等。通过完成这些预训练任务，LLM 就能从海量数据中学习到词汇、语法、语义、常识等各种各样的语言知识，为后续的"智能涌现"打下坚实的基础。在"炼丹"的过程中，还需要各种各样的"优化技巧"，例如梯度累积，由于受显存的限制，LLM 无法一次性将所有数据加载到 GPU 中进行训练，因此需要将数据分成多个"批次"（batch），在多张 GPU 上分别计算梯度，然后将梯度累积起来，再一次性更新模型参数；混合精度训练，为了节省显存，加快训练速度，可以采用 FP16（半精度浮点数）和 FP32（单精度浮点数）混合精度训练，用 FP16 进行计算，用 FP32 存储关键参数，这样既能保证精度，又能节省显存；3D 并行，对于参数规模巨大的模型，单张 GPU 的显存是远远不够的，需要采用各种并行技术，将模型参数、数据、计算任务分摊到成百上千张甚至上万张 GPU 上进行分布式训练，常见的并行策略有张量并行、流水线并行、数据并行等。预训练阶段通常要消耗大量的计算资源和时间，往往需要数周甚至数月才能完成。

第二阶段，监督微调：让 AI "听懂指令"。经过预训练，LLM 已经掌握了丰富的语言知识，具备了一定的语言理解和生成能力，但这时的 LLM 还只是一个"通才"，什么都会一点但都不精，还不能很好地理解人类的指令，并按照指令完成特定的任务。为了让 LLM 变得更加"听话"，更加"好用"，就需要进行监督微调。监督微调就像对 LLM 进行"专项技能培训"，让它学习如何更好地执行各种特定任务，如问答、翻译、对话、写作等。

监督微调的核心是，使用标注数据进行训练。标注数据指的是人工标注好的、带有"正确答案"的数据。例如，对于问答任务，标注数据可能是"问题：9.11 和 9.9 哪个大？答案：9.9 更大"这样的问答对；对于翻译任务，标注数据可能是"源语言：Hello，目标语言：你好"这样的翻译对。有了标注数据，我们就可以采用监督学习的方式来训练LLM。训练的目标是让模型学会"模仿"标注数据中的"正确答案",也就是让模型的输出尽可能接近标注数据中的"标准答案",通常采用交叉熵损失函数来衡量模型输出与标准答案之间的差距,并通过优化算法不断地调整模型参数,使得损失函数的值越来越小,模型的输出越来越接近标准答案。为了让模型更好地"理解指令",通常会在输入文本中加入一些"指令前缀"。例如,对于翻译任务,可以在输入文本前加上"翻译为英文:"这样的前缀,引导模型生成英文翻译结果,这种"指令微调"的方法不会修改模型原有的预训练参数,只是在预训练模型的基础上,增加一些"适配器"(Adapter)或者"前缀"(Prefix)来微调模型的输出行为,从而实现在提升模型任务性能的同时,不会破坏模型原有的语言能力,使得模型在完成特定任务的同时,仍然保持良好的通用性。监督微调阶段通常也需要耗费大量的计算资源和人工标注成本。要想保证微调数据的质量,往往需要人工标注大量的高质量数据,数据量越大,微调效果越好,但标注成本也越高。

LLM从预训练到监督微调的过程,如图2-5所示。

图2-5

第三阶段,强化学习:让AI更"懂人心"。经过监督微调,LLM已经能比较好地执行各种指令了,但这时的LLM还只是一个"工具人",它的目标是尽可能"复现"标注数据中的"标准答案",没有考虑到人类用户的真实偏好。例如,对于同一个问题,LLM可能会给出多个不同的答案,但哪一个答案更好,更符合人类的期望,LLM

自己并不知道，为了让 LLM 的输出结果更加符合人类的价值观和偏好，还需要进行强化学习。强化学习就像对 LLM 进行"价值观塑造"，让它学会区分"好"与"坏"，知道什么是人类喜欢看到的，什么是人类不希望看到的。

强化学习的核心是训练一个"奖励模型"（Reward Model，RM）。奖励模型就像一个"裁判"，它的任务是对 LLM 的输出结果进行"打分"，评价输出结果是否符合人类的偏好，分数越高表示结果越好，越符合人类的偏好，分数越低表示结果越差，越不符合人类的偏好。奖励模型的训练数据来源于"人工标注的偏好数据"，也就是让人类对 LLM 的多个输出结果进行排序或者评分。例如，对于同一个问题，先让 LLM 生成多个不同的答案，然后人类对这些答案进行排序，标出哪个答案最好，哪个答案最差。有了这些偏好数据，就可以训练一个奖励模型，让它学会"模仿人类的偏好"，也就是让奖励模型的打分结果尽可能地符合人类的排序或者评分结果。训练好奖励模型之后，就可以用强化学习算法来进一步优化 LLM 的输出策略。最常用的强化学习算法是 PPO（Proximal Policy Optimization）算法。PPO 算法的目标是，让 LLM 的输出结果尽可能获得更高的奖励分数，同时又要避免过度优化，导致模型输出过于单一化或者"跑偏"。在强化学习过程中，LLM 会不断地尝试生成不同的输出结果，并根据奖励模型给出的分数来调整自己的输出策略，就像一个学生做练习题一样，通过不断地练习和反馈来提高自己的解题能力，如图 2-6 所示。为了平衡生成结果的多样性和质量，还可以引入温度调节机制，通过调节温度参数来控制 LLM 输出的随机性。温度较低时，LLM 倾向于生成更保守、更确定的结果；温度较高时，LLM 倾向于生成更具创造性、更多样化的结果。为了保证 LLM 的输出结果"安全无害"，还需要加入一些"安全防护"机制。例如，在奖励函数中，对模型输出中出现"自杀""暴力"等有害词汇的情况施加负向奖励，引导模型生成更安全、更友善的回复；还可以引入"内容过滤"机制，部署敏感词向量库，实时检测模型输出中是否包含违规内容，及时进行过滤和干预；也可以引入"价值观嵌入"机制，在模型的 Embedding 层加入"人权""法律"等与价值观相关的概念锚点，潜移默化地引导模型生成更加符合人类主流价值观的输出结果；甚至可以建立"回溯机制"，记录每一个模型输出的生成路径，方便追溯和分析违规内容的来源，为模型的安全性和可信度提供保障。强化学习阶段通常也需要耗费大量的计算资源和人工标注成本，为了保证奖励模型的训练效果，往往需要大量的人工标注偏好数据，数据量越大，奖励模型就越能准确地捕捉人类的偏好，但标注成本也越高。强化学习算法的调参比较复杂，往往需要经验丰富的工程师进行精细化的调优。

强化学习的引入
经过监督微调，LLM具备基本的指令执行能力，但仍需进一步优化以贴合人类偏好。

收集人类偏好数据
通过人类对多种输出进行评分或排序，收集偏好信息。

LLM生成多个答案，但不知道哪个更符合用户期望。

训练奖励模型
利用收集的偏好数据训练一个模型来评估输出。

像一个老师给学生评分。

调整输出策略
根据奖励模型的反馈优化LLM的生成策略。

就像学生根据老师的反馈改进作业。

图 2-6

通过预训练、监督微调和强化学习这三个阶段的"数据炼丹"，LLM 最终得以炼成。它从"白纸一张"的初始状态，逐渐成长为拥有庞大的知识库、强大的语言能力并且初步具备人类价值观的"智能体"，能与人类进行自然的对话交流，解决各种各样的问题，甚至在某些方面超越人类的平均水平。然而，我们也要清醒地认识到，LLM 的"智能"仍然是一种"炼金术"式的智能，它本质上是一种基于统计规律的"黑箱模型"，虽然能涌现出惊人的能力，但其内在的工作机制仍然有很多未解之谜，它的"智能"边界和局限性也依然有待探索和突破，AI 的未来发展之路依然任重道远。

尽管如此，LLM 的训练过程仍然是人类智慧的结晶，它凝结了无数 AI 研究人员的心血和汗水，也展现出人类挑战未知、探索未来的勇气和决心。随着技术的不断进步，我们有理由相信，未来的 LLM 将会变得更加强大、智能、可靠，它们将会在人类社会中发挥越来越重要的作用，为我们的生活和工作带来更加美好的未来。

① **LLM 训练就像人类从婴儿到成人的成长过程**：预训练 = 婴幼儿期大量"看"和"学"，监督微调 = 学生时代接受指导，强化学习 = 社会化过程形成价值观。

② **数据清洗类似于食材准备的"择菜"过程**：去除杂质如同挑出腐烂变质的食材，分词如同切配食材，数据增强如同烹饪时发生的变化。

③ **Transformer 架构像一个精密的工厂车间**：自注意力机制是智能"聚光灯"，位置编码是装配"位置标签"，多层堆叠是生产流水线。

④ **自监督学习像是让学生"自学成才"**：完形填空练习理解上下文，续写训练预测和创造，无须老师手把手教。

⑤ **强化学习像是培养"三观"的过程**：奖励模型是价值判断标准，PPO 算法是不断试错和改进，安全防护是道德底线。

关键启发：

"数据炼丹"的本质是，用海量数据和算力重现人类认知发展的路径，但这种"涌现智能"仍是一个充满未知的"黑箱"。

3. DeepSeek 是如何进行训练的？

要理解 DeepSeek 的训练，我们可以先把它想象成一位技艺精湛的赛车工程师，他要打造一辆能在赛道上风驰电掣的 F1 赛车。工程师已经有一台性能不俗的 V3 基础版赛车，它相当于 DeepSeek-V3 Base 模型，一个参数量高达 6710 亿个的庞然大物。在推理时，MoE 架构只会激活一部分专家网络来降低计算成本，但这部分参数量依然可观。就像在上一个问题讨论中我们提到的，V3 版本已经通过海量数据的"预训练"，掌握了基本的驾驶技巧，也就是理解和生成语言的规律。

但要成为顶尖的 F1 赛车，V3 还远远不够。工程师深知，只有基础性能还不行，赛车只有在特定赛道上展现出卓越的推理能力才能在激烈的竞争中脱颖而出。DeepSeek 的训练，正是一场精细的多阶段调校过程，目标是激发模型的"推理潜能"，让它像一位经验丰富的赛车手，在复杂多变的赛道上做出最优的决策。

DeepSeek 的训练过程如图 2-7 所示。

图 2-7

第一步：冷启动微调——热身，让赛车初步具备"车感"。

工程师首先进行的是"冷启动微调"。他并没有急于求成，而是选择用少量但极其精准的数据对 V3 赛车进行初步调校。这些数据（思维链数据）就好比 F1 赛车在跑道上的少量试跑记录，每一条记录都包含赛车在弯道、加速、刹车等关键环节的详细操作。例如，"解方程 3x+5=20 →步骤 1：两边减 5 →步骤 2：两边除以 3……"。冷启动微调与大规模预训练或传统的监督微调相比，使用的数据量小，但对数据质量要求极高，就好比 F1 工程师用最顶尖车手的少量驾驶数据来引导赛车建立初步的"车感"。

在微调过程中，工程师还特别谨慎，他只调整赛车顶层 10% 的"操控系统"（Transformer 模块），冻结了 90% 的基础参数，并采用极低的学习率，这就好比在微调赛车的操控系统时，尽量不改动引擎等核心部件，保持赛车原有的基础性能。

冷启动微调至关重要。它让 DeepSeek 初步具备"推理"的雏形，就好比让赛车初步建立了"车感"，能领会工程师的指令，为后续更复杂的训练打下基础。实验数据显示，冷启动微调后，DeepSeek 的推理错误率降低了 41%，初步解决了纯强化学习可能导致的"语言不流畅"问题，让模型输出更具可读性。

第二步：强化学习——深度挖掘赛车的"推理潜能"。

让赛车仅仅初步具备"车感"是不够的，要让它成为顶尖赛车，还需要在赛道上不断磨炼，深度挖掘"推理潜能"。工程师接下来进行的"强化学习"阶段，正是要实现这个目标。

在强化学习阶段，DeepSeek 采用了名为 GRPO（Group Relative Policy

Optimization，群组相对策略优化）的算法框架。GRPO算法就好比更高效的赛车调校工具，相比于传统算法，在某些情况下它可以减少计算资源需求，提高训练速度，就好比工程师用更少的试跑圈数，就能更快速地提升赛车的性能。

除了高效的算法，DeepSeek的强化学习阶段还采用了独特的"多维度奖励机制"。这就好比工程师在评估赛车性能时，不仅关注赛车跑得"准不准"（准确性奖励），还关注赛车跑得"好看不好看"（格式奖励、语言一致性奖励等）。"准不准"是指模型输出答案的准确性，对于数学题和代码题有明确的规则来判断对错；"好看不好看"是指模型输出的结构和规范性，如是否将思考过程放在特定的标签内（<think>和</think>）。此外，DeepSeek还增加了语言一致性奖励，确保模型在处理多语言提示词（Prompt）时，输出的目标语言占比超过95%，避免出现多语言混杂的问题。

在双维度奖励机制的引导下，DeepSeek在强化学习阶段取得了显著的进步。在MATH数据集上，DeepSeek的解题准确率从58.7%跃升至76.4%，平均推理步骤长度也增加到7.2步，就好比赛车在赛道上越跑越快，过弯道越来越流畅，也越来越懂得如何进行更复杂的赛道操作。

第三步：拒绝采样与数据合成——打造更全面的"训练跑道"。

赛车性能的提升离不开高质量的"训练跑道"。为了进一步提升DeepSeek的推理能力，工程师又开始着手打造更全面的"训练跑道"。他并没有简单地增加数据量，而是采用了一种名为"拒绝采样与数据合成"的巧妙方法。

首先，他准备了10万条未标注的问题，让当前的DeepSeek模型先生成32个候选答案，然后通过规则引擎（就好比赛车性能检测工具）筛选出正确的答案，只保留Top 5%的"精英答案"。这就好比从10万次赛车试跑中，筛选出最优秀的5%的试跑记录。

接着，他利用V3基础模型对复杂问题生成"解释链"，构建了高达60万条的"合成数据"。这些合成数据就好比在原有"训练跑道"的基础上，又扩展出了各种更复杂、更具挑战性的"赛道"。例如，增加了更难的弯道、更长的直道、更复杂的路况等。

通过"拒绝采样与数据合成"，DeepSeek团队以极低的成本高效扩充了高质量的训练数据，数据质量通过率高达82%。这就好比用极低的成本打造出了更全面、更优质的"训练跑道"，为赛车的后续训练提供了更坚实的基础。

第四步：监督微调——精细调校，提升赛车的"全能性"。

有了更优质的"训练跑道"，工程师开始对赛车进行更精细的调校——监督微调。在微调策略上，DeepSeek 团队并没有"一刀切"，而是采用了参数解冻策略和渐进式训练相结合的方式。

参数解冻策略就好比在赛车调校时，有选择性地调整不同系统的参数。DeepSeek 团队采用了参数解冻策略，根据 Transformer 层的特性，对不同层采用不同的参数调整方法，例如对浅层参数完全开放，对中间层使用 LoRA 等参数高效微调方法，对深层参数进行冻结，以实现精细化调校。这种分层调整策略就好比，工程师根据赛车的不同系统特性进行精细化调校，这既保证了调校的灵活性，又避免了过度调整导致性能的不稳定性。

渐进式训练就好比循序渐进地提升赛车的性能。微调初期，DeepSeek 侧重于数学和代码数据，提升模型在特定领域的专业能力；微调后期，逐步混合通用数据，提升模型的通用性和泛化能力。这种渐进式训练策略就好比先让赛车在特定赛道上跑出好成绩，再逐步提升赛车在各种赛道上的"全能性"。

通过精细化的监督微调，DeepSeek 在保持数学推理优势的同时，通用问答能力也得到了显著提升，就好比赛车在保持专业赛道性能的同时，也兼顾了日常驾驶的舒适性和操控性，真正实现了性能的"平衡"和"全能"。

第五步：强化学习对齐——打造"人车合一"的极致体验。

经过多阶段的训练和调校，DeepSeek 赛车的性能已经非常出色了，但要实现"人车合一"的极致体验，还需要最后一步——强化学习对齐。

强化学习对齐的目标是，让模型输出更符合人类的偏好和价值观。在这一阶段，DeepSeek 采用了混合奖励模型。对于推理任务和通用任务，DeepSeek 采用了不同的奖励策略。例如，推理任务更侧重于准确性奖励和步骤完整性奖励，通用任务更侧重于帮助性奖励、无害性奖励和格式奖励。此外，DeepSeek 还引入了对抗样本来增强模型的鲁棒性，这就好比在赛车的训练中加入各种"极端路况"的考验，让赛车在各种复杂环境下，都能保持稳定可靠的性能。

为了鼓励模型在训练初期探索更广泛的策略空间，在训练后期引导模型更稳定地输出高质量、符合人类偏好的答案，DeepSeek 还采用了动态温度调度策略，就好比在赛车训练初期鼓励车手大胆尝试各种驾驶风格，在训练后期引导车手专注于掌握最优的驾驶技巧，最终实现"人车合一"的极致体验。

经过最终的强化学习对齐，DeepSeek 在各项评测基准上都取得了优异的成绩。在 AIME 数学竞赛中，DeepSeek 的 pass@1 指标达到了 86.7%，推理延迟也控制在了商业级水平，平均响应时间仅为 2.3 秒。就好比赛车在各种极限测试中，都展现出了顶尖的性能，真正成为一款高性能、高效率的"推理赛车"。

DeepSeek 训练的与众不同之处

DeepSeek 之所以能在众多大语言模型中脱颖而出，除了精细的多阶段训练策略，还在于它在技术上的大胆创新和工程上的精益求精，如图 2-8 所示。

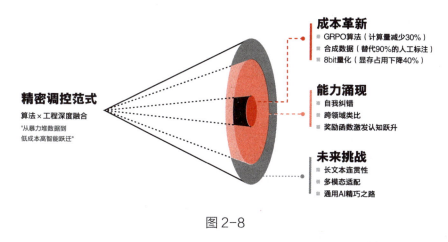

图 2-8

首先是训练成本的革新。DeepSeek 通过技术创新和工程优化，显著降低了训练成本，这使得总训练成本相比同类模型更具优势，相对于同类模型动辄数千万美元的训练成本，它堪称"性价比之王"。这背后的秘诀在于，DeepSeek 在算法和工程上的多项创新。例如，GRPO 算法减少了 30% 的计算量，合成数据替代了 90% 的人工标注，8bit 量化技术压缩了 40% 的显存占用，等等。

其次是能力涌现机制的探索。DeepSeek 的训练，不仅在追求更高的性能指标，还在探索大模型"能力涌现"的内在机制。通过巧妙的奖励函数设计，DeepSeek 的训练过程展现出一些大语言模型特有的"涌现能力"。例如，在推理过程中表现出的自我纠错、多步反证、跨领域类比等能力，这些能力的出现表明强化学习等训练方法可能有助于模型发展更复杂的认知能力，这为我们理解 AI 的本质提供了新的视角。

当然，DeepSeek 的训练并非完美，它仍然面临着长文本连贯性、多模态适配等挑战。但 DeepSeek 的训练范式无疑代表了大模型发展的一个重要方向，那就是从"暴力堆数据"转向"精密调控"，通过算法创新和工程优化，实现更高性能、更低成本、更可持续的大模型发展之路。DeepSeek 的成功，也预示着 AI 的未来将更加注重内涵式发展，更加注重技术创新和工程实践的深度融合。

DeepSeek 的训练故事，就如同一个现代科技版的"庖丁解牛"，它以精湛的技艺分解了大模型训练的复杂性，为我们展现了一条通往通用 AI 的"精巧之路"。DeepSeek 不仅是一个新的大语言模型，还是一种新的研发范式，它将启迪更多的 AI 研究者去探索更加高效、经济、智能的 AI 未来。

头脑风暴：

① "冷启动微调"像是给婴儿喂食——不在于量多，而在于营养精准，0.1% 的高质量数据胜过 100% 的杂乱数据。这启发我们在学习中要注重质量而非数量。

② "双维度奖励机制"就像教育孩子——不光要"答对"（准确性），还要"写好"（格式美）。这揭示了评价标准应该是多维度的。

③ "拒绝采样"像是挑选种子——从海量数据中筛选出最优的 5%。这告诉我们，有时"减法"比"加法"更重要。

④ "渐进式训练"如同击剑训练——先精通一招，再扩展全局。这表明专项突破可能比全面平庸更有价值。

⑤ "动态温度调度"像是一种教育理念——初期鼓励探索，后期追求卓越。这反映了创新与收敛的辩证统一。

关键启发：

真正的突破不在于资源的堆砌，而在于方法论的创新。DeepSeek 用 500 万美元实现了别人花费数千万美元的效果，证明了"巧力胜于蛮力"的真理。在任何领域，找到正确的方法比投入更多的资源更重要。这是一个用智慧替代资源、用创新克服限制的典范。

4. DeepSeek 采用了哪些独特的技术，让它具有如此高的性能？

DeepSeek 就像一位精通炼金术的魔法师，它并没有采用 AI 巨头们传统的"大力出奇迹"的路线，而是巧妙地运用一系列独门秘技，在保证模型拥有可比拟 OpenAI GPT-4o 和 Claude-3.5-Sonnet 等领先闭源模型强大性能的同时，将训练成本控制在令人难以置信的低水平，为 AI 技术的大众化普及打开了一扇希望之门。那么，DeepSeek 究竟采用了哪些"点石成金"的炼金术呢？如图 2-9 所示。

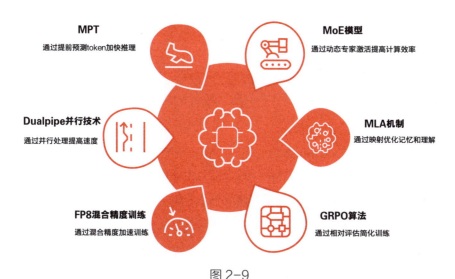

图 2-9

1）模型架构的"乾坤大挪移"：混合专家模型与多头潜在注意力机制

DeepSeek 团队深知，想要打造高性能的大模型，并非参数越多越好，关键在于如何更高效地利用参数。为此，他们对 Transformer 架构进行了改造，引入了 MoE（Mixture-of-Experts，MoE）模型 和多头潜在注意力（Multi-Head Latent Attention，MLA）机制 两大法宝。

（1）MoE：打造"诸葛亮智囊团"

你可以将传统的 Transformer 架构想象成一位"单打独斗"的全能英雄，虽然它能力全面，但在面对复杂任务时难免会感到力不从心。而 DeepSeek 的 MoE 模型则如同打造了一个"诸葛亮智囊团",模型内部由众多"微型专家"组成,每个专家只负责处理特定领域的知识,真正做到了"术业有专攻"。

更精妙的是,DeepSeek 的 MoE 模型采用了动态路由技术,每次处理任务时,只会"动态"激活少数几位"最擅长"的专家参与计算,就好比"诸葛亮"每次开会,只会挑选几位最相关的"专家"出席,避免了"人多嘴杂",大大提升了计算效率。

此外,MoE 模型还引入了共享专家机制,让不同的"微型专家"之间可以共享知识和经验,就好比"智囊团"成员之间互相学习,共同进步,这进一步提升了模型的整体智慧。

得益于 MoE 模型,DeepSeek 可以用远超传统模型的参数规模(6710 亿个)及极低的计算成本,实现了 5 倍于传统密集模型的推理效率,堪称"大力出奇迹"与"四两拨千斤"的完美结合。

(2)MLA 机制:打造"最强大脑"

如果说 MoE 模型解决了模型效率问题,那么 MLA 机制则专注于提升模型的"记忆力"和"理解力"。

注意力机制是 Transformer 架构的核心,它让模型能像人类一样"关注重点",从而更好地理解输入信息。但传统的注意力机制在处理长文本时,会面临"记忆力不足"的问题,因为需要消耗大量的显存来存储 Key/Value(KV)缓存,这就像人类在阅读长篇文章时,很容易"记不住前面讲了什么"一样。

DeepSeek 的 MLA 机制如同给模型装上了"最强大脑",它通过潜在空间映射技术,将注意力机制中的 KV 缓存进行"压缩",就好比将一本厚厚的百科全书压缩成几张索引卡片,大大降低了显存占用,让模型可以轻松处理 10 万个 token 的超长文本,真正实现了"过目不忘"的能力。

MLA 机制显著降低了 KV 缓存,实验数据表明,MLA 机制在保持性能可比拟标准多头注意力(Multi-Head Attention,MHA)机制的同时,实现了 KV 缓存和显存占用的显著降低,并提升了推理效率,使其成为长文本处理的有效方案。

2)训练方法的"点石成金术":四阶段混合训练流程与群组相对策略优化算法

有了高效的模型架构,训练还需要有精妙的训练方法才能真正将模型的潜能发挥出来。DeepSeek 独创了四阶段混合训练流程和群组相对策略优化(Group Relative

Policy Optimization，GRPO）算法，它们堪称 AI 炼丹术的"点石成金术"。四阶段混合训练流程在前面已经详细讨论过了，这里不再介绍。

（1）GRPO 算法：炼丹术的"独门秘技"

在 DeepSeek 的"炼丹术"中，GRPO 算法堪称"独门秘技"。传统的强化学习算法，如 PPO 算法，需要训练一个价值函数来评估模型的好坏，这无疑增加了训练的复杂度和计算成本。

DeepSeek 的 GRPO 算法，则巧妙地避免了对价值函数的训练，它直接根据"群体"中其他模型的表现来"相对"评价当前模型的优劣，就好比"田忌赛马"的策略，用自己的优势去对抗别人的劣势，从而更高效地提升模型性能。

实验表明，GRPO 算法在数学推理任务中的训练速度比 PPO 算法快 1.8 倍，收敛所需样本量减少 63%，堪称在"炼丹"效率和品质上实现了双重飞跃。

3）工程效率的"精雕细琢"：FP8 混合精度训练、DualPipe 并行技术和动态算子优化

除了模型架构和训练方法上的创新，DeepSeek 还在工程效率上下足了"绣花功夫"，通过 FP8 混合精度训练、DualPipe 并行技术和动态算子优化等"黑科技"，实现了模型训练和推理的"毫秒级"加速。

（1）FP8 混合精度训练："精度魔术"

DeepSeek 通过采用 FP8 混合精度训练技术施展了"精度魔术"，这就好比工匠在打磨玉器时，通过巧妙地切换不同的打磨工具，在保证精度的前提下大幅提升了效率。FP8 混合精度训练将 GEMM 运算精度降低到 8-bit 浮点数，训练速度提升 2.1 倍，GPU 内存占用减少 43%，真正做到了"又快又省"。

（2）DualPipe 并行技术："并行奇观"

DualPipe 并行技术是另一项工程奇观。DeepSeek 团队如同"超级指挥家"，将计算任务巧妙地拆分，实现了 16 路流水线并行和 64 路专家并行，就好比将一条生产线扩展成多条"并行运转"的超级生产线，大幅提升了生产效率。DualPipe 并行技术在 NVIDIA H100 GPU 上实现了高达 89.7% 的千卡并行效率，通信开销降低 37%，让模型训练跑出了"中国速度"。

（3）动态算子优化："内核引擎"

动态算子优化如同模型的"内核引擎"，DeepSeek 团队如同"汽车工程师"，针对不同任务，模型自动匹配最优的计算内核，就好比为汽车配置了"智能变速箱"，它可以根据路况自动切换档位，始终保持最佳的动力输出。动态算子优化在 H100 GPU 上实现了每秒 3270 token 的吞吐量，比 A100 提升 2.8 倍，让模型的推理性能再次"涡轮增压"。

4）推理加速的"闪电战"：多 token 预测与结构化思维链

DeepSeek 模型训练不仅高效，推理速度还快如闪电。这得益于 DeepSeek 团队在推理加速技术上的创新，他们祭出了多 token 预测（Multi-token Prediction，MTP）和结构化思维链（Structured Chain-of-Thought，S-Chain）两大"杀手锏"。

（1）MTP："预测未来"

MTP 技术让模型拥有了"预测未来"的能力，这就好比赛车手在弯道前提前预判赛车轨迹，从而更快地做出反应。MTP 技术让 DeepSeek 模型能同时预测未来 2~3 个 token，解码速度提升 4.2 倍，token 接受率高达 91%，堪称推理速度的"光速引擎"。

（2）S-Chain："逻辑引擎"

S-Chain 技术为模型配备了"逻辑引擎"。DeepSeek 团队强制模型按照"< 分析 > → < 验证 > → < 结论 >"的结构输出，并利用规则引擎实时校验中间步骤，就好比为模型安装了"逻辑检查器"，让模型在推理过程中能自我纠错，避免"逻辑脱轨"。在 GSM8K 数学题测试中，S-Chain 技术使 DeepSeek 模型的错误自查修正率高达 78%，让模型的推理过程更加严谨、可靠。

5）成本控制的"精打细算盘"：知识蒸馏与动态精度切换

DeepSeek 最令人惊叹的莫过于，在如此多技术创新的加持下，依然将训练成本控制在惊人的低水平。DeepSeek 团队如同"精打细算的经济专家"，在模型的每一个环节都精打细算，将"每一分钱都花在刀刃上"，如图 2-10 所示。

第 2 章 DeepSeek 技术揭秘：探寻智能内核

图 2-10

（1）知识蒸馏："点石成金术"

知识蒸馏技术，堪称 DeepSeek 的"点石成金术"。DeepSeek 团队利用规则引擎筛选合成数据，来替代 90% 的人工标注，数据成本骤降 90%，就好比将"石头"变成"金子"，用极低的成本获得了海量的高质量训练数据。

（2）动态精度切换："节能模式"

动态精度切换技术为模型开启了"节能模式"。DeepSeek 模型能根据任务复杂度自动切换 FP16/INT8 精度，单位 token 能耗低至 0.0028 瓦时，推理电费成本降低 82%，就好比让模型在保证性能的同时最大限度地"节能减排"。

（3）极致压缩训练：成本仅为 GPT-4 的零头

通过以上各种"降本增效"的炼金术，DeepSeek 将大模型的训练成本压缩到令人难以置信的程度。DeepSeek 在同等性能水平的模型中，展现出了极具竞争力的成本优势，体现了其在模型效率和资源利用率方面的领先性。

DeepSeek 的成功，并非仅仅在技术上的突破，还是一种"AI 大众化"理念的胜利。它证明了即使没有巨额资金的支持，只要拥有创新的技术和精益求精的精神，同样可以打造出世界一流的 AI 模型，让更多人享受到 AI 技术带来的红利。DeepSeek 的故事，无疑将激励更多 AI 创业者和研究者去探索更加高效、经济、普惠的 AI 发展道路，共同迎接 AI 时代的到来。

> **头脑风暴：**
>
> ①"**分布式智慧**"启示：原来高效的模型不是靠单个"全能选手"，而是靠众多"领域专家"的协同，就像一个高效的组织，需要专业分工与灵活调配的完美配合。
>
> ②"**压缩的艺术**"顿悟：与其耗费巨资扩充存储，不如提升存储效率，就像 ZIP 压缩文件的革命性变化——用更少的空间装下更多的信息。
>
> ③"**相对评价**"的妙用：不需要绝对标准，通过"比较"也能找到前进的方向。像围棋高手之间的对弈，在相互较量中提升水平。
>
> ④"**预判的力量**"顿悟：提前预测 2~3 步，比被动反应要快得多，如同象棋大师总能"料敌先机"。
>
> ⑤"**节约的智慧**"启示：降本增效不是单点突破，而是对全流程的精益求精，犹如丰田生产方式，将效率提升渗透到每个环节。

> **关键启发：**
>
> 真正的技术创新不在于堆砌资源，而在于以智慧突破约束——这正是 DeepSeek 用一系列巧思突破算力桎梏，实现"四两拨千斤"的精髓所在。

5. 对 DeepSeek 蒸馏的指责是怎么回事？

对 DeepSeek 模型蒸馏的争议，就像一场围绕"知识传承"展开的辩论，核心直指其技术手段是否合乎情理、伦理和法律规范。要了解这场争论，我们首先要弄明白什么是"蒸馏"。

想象一下，你学习知识可以有两种方式：一种是自己啃书本、做习题，一点点积累；另一种是找个学霸进行"一对一辅导"，学霸直接把自己总结的经验、解题技巧甚至思考方式都教给你，让你快速进步。模型蒸馏技术就有点像后一种"学霸辅导"。

在 AI 领域中，有些模型就像"学霸"一样，非常聪明，但体型庞大，运行起来耗时耗力，就好比学霸的大脑也需要消耗更多能量。而有些模型就像"普通学生"，能力稍弱，但轻巧灵活。蒸馏技术就是把"学霸模型"（我们称之为"教师模型"

的知识转移到"普通学生模型"（我们称之为"学生模型"）身上，让"学生模型"也能拥有接近学霸的能力，但体型却依然轻巧。

DeepSeek 模型，尤其是受到市场认可的 R1 模型，就被指责使用了"蒸馏"技术。这本身并不是新鲜事，蒸馏是一种常见的模型优化手段，就像老师教学生一样，旨在提升模型性能，降低运行成本。问题在于，DeepSeek 的"蒸馏"方式引发了一些质疑，如图 2-11 所示，这些质疑主要集中在以下几个方面。

图 2-11

第一，数据来源是否合规？这就好比，如果"教师模型"本身的学习资料来路不正，比如盗用了别人的教材、参考书，那么通过蒸馏教出来的"学生模型"是不是也存在"血统"不纯的问题？如果 DeepSeek 使用的"教师模型"在训练时使用了未经授权的数据，那么通过蒸馏得到的 R1 模型也可能会背上"数据盗窃"的嫌疑。尤其在 AI 产业规范尚未完全建立的背景下，数据来源的合规性就显得格外敏感。

第二，知识产权归属是否清晰？这个问题就更复杂了。如果"教师模型"中包含受版权保护的内容，比如某些文章、图片、音乐等，那么通过蒸馏得到的"学生模型"算不算侵犯了原作者的知识产权？这就像学霸在学习过程中记了很多笔记，做了很多总结，这些笔记和总结算不算学霸自己的知识产权？如果学霸把这些笔记和总结教给了"学生模型"，"学生模型"的能力提升了，这算不算侵权？法律界对于 AI 模型产出的内容，以及模型本身所蕴含的"知识"，是否应该受到知识产权保护，还存在很多争议，并没有明确的界定。

第三，过程是否足够透明？如果 DeepSeek 没有公开其"教师模型"的数据来源和训练过程，那么外界就很难判断其蒸馏过程是否合规，是否合乎道德。这就好比，我们只看到"学生模型"的成绩突飞猛进，却不知道学霸是怎么辅导的，用的什么教材和方法，难免会让人心生疑虑：学霸是不是用了什么"旁门左道"？"学生模型"的进步是不是建立在不光彩的基础之上？尤其在 AI 模型越来越强大的今天，模型的训练过程和数据来源的透明度就显得尤为重要，关系到公众对 AI 技术的信任。

除了以上三个核心的质疑，还有人从技术角度指出，DeepSeek 为了提升 R1 模型的性能，使用了蒸馏、微调等多种手段，这虽然提高了模型的"智力"，但也牺牲了模型的可读性和可解释性。就好比，R1 模型变得更像一个"黑箱"，我们只知道它能给出很好的答案，但很难理解它为什么会给出这样的答案，它的思考过程是什么样的。相比之下，DeepSeek 的另一个模型 R1 Zero 完全通过强化学习进行训练，没有人为干预，虽然可读性更好，更像一个"透明人"，但在输出结果的可控性、语言流畅度等方面，却不如 R1 模型。这其实是性能与可控性之间的一种权衡，也是技术发展过程中经常面临的难题。

总之，对 DeepSeek 蒸馏技术的指责，并非在简单地否定蒸馏技术本身，而是质疑其在具体应用过程中可能存在的数据合规性、知识产权及过程透明度等方面的问题。这些争议也反映了 AI 产业在快速发展过程中面临的一些共性的挑战。如何在鼓励技术创新的同时，建立完善的法律法规和伦理规范，确保技术的健康发展，是整个行业都需要认真思考和共同努力的方向。这场关于 DeepSeek 蒸馏的讨论，或许能推动我们更深入地思考这些问题，最终促进行业的规范化和可持续发展。

模型蒸馏就像一场知识的"传帮带"，这让我想到传统手工艺人的师徒制。大师傅把多年积累的绝活儿传给徒弟，但如果这些绝活儿本身就是"偷学"来的呢？

"黑箱"模型像一个神奇的魔术师，展示出令人惊叹的技艺但不愿透露背后的秘密。这让人联想到配方保密的老字号，究竟是在保护传统技艺，还是在掩盖什么？

头脑风暴：

① 数据合规性就像食品溯源，消费者有权知道食材从哪里来。AI 模型训练数据的"配料表"同样应该透明。

② 知识产权保护与传承之间的平衡，让我想到音乐界的"采样"文化，新作品中使用经典片段，既要尊重原创，又要允许创新。

第 2 章　DeepSeek 技术揭秘：探寻智能内核

③ 技术进步与伦理边界的博弈，像极了人类驯服火种的过程，既要利用它的力量，又要防止它失控。

④ 模型训练就像教育孩子，我们既期待他们超越老师，又担心他们走上歧途。这种矛盾心理在 AI 发展中处处可见。

关键启发：

技术创新不应该是一场零和博弈，而应该是一种多方共赢的正和游戏。我们需要在效率提升与伦理约束之间找到一个动态平衡的"黄金分割点"。

6. DeepSeek 的"多模态"能力如何？

要理解 DeepSeek 模型的"多模态"能力，我们可以先从人类自身的多感官体验说起。我们看世界，不仅仅会用眼睛"看"文字，还会用耳朵"听"声音，用手"触摸"质感，甚至用鼻子"嗅"气味。这些不同的感官信息交织在一起，才构成了我们对世界的完整认知，如图 2-12 所示。

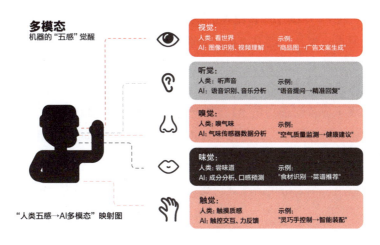

图 2-12

AI 也在朝着这个"多感官"的方向发展。"多模态"就像赋予 AI"五感"，让它们不再仅仅理解文字，还能处理图像、声音、视频等，从而更全面、更深入地理解世界。DeepSeek 模型系列中的 V3 和 R1，在"多模态"这条道路上就展现出不同的特点和能力。

DeepSeek 全攻略： 人人需要的 AI 通识课

DeepSeek-V3 就像一位"多面手"，天生就拥有处理多种感官信息的能力。它不仅能读懂文字，还能看懂图像、听懂声音，甚至理解视频的内容。这种"原生"的多模态能力，让 V3 在很多场景下都游刃有余。比如，在智能客服领域中，V3 可以一边"听"用户用语音提出的问题，一边"看"用户发来的图片或视频，综合分析之后，给出更精准、更人性化的回复。在多语言翻译方面，V3 也能同时处理不同语言的文字、语音，甚至图片中的文字信息，实现更准确、更自然的跨语言交流。如果你想用 AI 创作营销文案，V3 也能结合你提供的产品图片自动生成更吸引眼球、更具销售力的广告语和排版设计。这都得益于 V3 自身强大的架构，它采用了类似混合专家模型的机制，就像一个团队，每个"专家"负责处理一种模态的信息，然后通过巧妙的动态注意力机制，将不同模态的信息融合在一起，高效协同工作。

相比之下，DeepSeek-R1 更像一位"专才"。它最初的设计重点是，专注于文本的深度理解和推理，就像一位在逻辑思维和语言理解方面有着卓越天赋的学者。R1 在数学解题、代码生成、逻辑推理等领域表现出色，这都是它在文本理解和生成方面深厚功底的体现。但是，R1 并非完全与"多模态"绝缘，通过一些巧妙的"外挂"框架，比如 Align-Anything，R1 也能被赋予"看"的能力，用来处理图像信息。更有趣的是，在 R1 学会了"看图说话"之后，它的"思考能力"反而得到了提升。就好比一位原本只擅长"纸上谈兵"的学者，通过接触真实世界的图像信息，反而对抽象的理论问题有了更深刻的理解。在一些需要结合视觉信息和逻辑推理的复杂任务中，例如通过分析商品图片给出优化建议，或者根据减肥饮品的图片判断其健康程度，扩展了多模态能力的 R1，甚至展现出超越一些顶级多模态模型的潜力，这被称为"模态穿透效应"。这意味着不同模态的信息之间可以相互促进，共同提升模型的智能水平。

我们可以用一个表格更清晰地对比 V3 和 R1 在多模态能力上的差异，如表 2-1 所示。

表 2-1

能力维度	DeepSeek-V3	DeepSeek-R1（扩展后）
原生多模态支持	天生具备，支持文本、图像、音频、视频	本身不具备，需通过框架扩展实现
多模态技术基础	混合专家模型架构，动态注意力机制	依赖外部框架（如 Align-Anything）

第 2 章　DeepSeek 技术揭秘：探寻智能内核

续表

能力维度	DeepSeek-V3	DeepSeek-R1（扩展后）
典型多模态任务表现	多语言翻译、图文生成（快速响应）	图文推理（精准度高，深度分析）
多模态与推理协同	模态并行处理，高效融合	多模态训练反哺文本推理，提升逻辑能力

简单来说，如果你需要一个"全能型选手"来快速响应各种多模态任务，比如智能客服、内容创作等，那么 DeepSeek-V3 是一个不错的选择。如果你需要一位"专家级顾问"来深入分析复杂的跨模态信息进行更精准、更深度的推理，比如科研、金融分析等高端领域，那么扩展了多模态能力的 DeepSeek-R1 可能会给你带来更大的惊喜。无论是"多面手"V3，还是"专才"R1，DeepSeek 模型家族在多模态领域的探索都为我们展现了 AI 未来发展的无限可能。

 头脑风暴：

① **模态互补性启发**：就像蚂蚁的触角和复眼配合感知世界，不同模态能力的组合可能产生 1+1>2 的效果。比如，视觉模态可以补充文本模态的具象认知，文本模态能帮助视觉模态进行抽象推理。

② **"专才" vs "全才"的辩证法**：V3 像"全科医生"，R1 像"专科医生"，这启发我们在 AI 发展中，既要有通才也要有专才，关键是找到各自的最佳应用场景。

③ **模态穿透效应的惊喜发现**：就像学习音乐可以提高数学能力一样，R1 在获得视觉能力后反而提升了推理能力，这揭示了认知能力之间存在潜在的正向关联。

④ **动态融合机制的启示**：V3 的混合专家模型架构类似人类大脑的分工协作模式，不同区域各司其职又紧密配合，这或许是构建通用 AI 的重要参考。

⑤ **能力扩展的进化路径**：R1 通过外挂框架获得新能力的方式，说明 AI 进化不一定要推倒重来，也可以通过模块化扩展实现跨越式发展。

 关键启发：

在 AI 发展的道路上，"融合"可能比"统一"更重要，就像生态系统中的物种多样性，不同类型、不同专长的 AI 模型的共存与协作，可能比一个大一统的模型更有生命力。

7. DeepSeek 的上下文理解能力有多强？长文本处理效果如何？

说到对上下文的理解能力，DeepSeek 模型就像一个拥有超强记忆力和快速阅读能力的"大脑"，在信息爆炸的时代，它能轻松驾驭浩如烟海的文字信息，从长篇大论中抽丝剥茧，理解其内在的逻辑与含义。这绝非夸张，DeepSeek 模型在处理长文本方面的能力，已经达到了业界的顶尖水平，甚至在某些方面实现了突破性的进展。

要理解 DeepSeek 上下文理解能力的强大之处，我们首先要认识"上下文（Context）窗口"这个概念。你可以把它想象成 AI 的"记忆容量"，窗口越大，AI 能记住和理解的信息就越多，处理长文本的能力自然也就越强。DeepSeek 模型，特别是其 V3 版本拥有高达 128K token 的上下文窗口。这是什么概念呢？简单来说，128K token 大约相当于 20 万个汉字，这意味着 DeepSeek 可以一口气读完一部中长篇小说，并且还能记住前情提要，理解人物关系，甚至辅助复盘故事的部分逻辑，如图 2-13 所示。相比之下，目前主流大模型 GPT-4 Turbo 的上下文窗口也为 128K，其他大模型如 Llama-3 只有 64K。DeepSeek 在长上下文处理能力这一关键指标上，依然保持着领先优势。

图 2-13

当然，上下文窗口的大小并非唯一的衡量标准，更重要的是如何高效地利用这个巨大的窗口。DeepSeek 之所以能在长文本处理上表现出色，还在于其背后一系列精妙的技术创新。为了应对超长文本带来的信息过载问题，DeepSeek 模型采用了动态稀疏注意力机制。你可以把它理解为一种"跳读"技巧，就像我们人类在阅读长篇文章时，并非逐字逐句精读，而是会快速扫描，抓住重点信息。这种机制让 DeepSeek 在处理长达 100K 以上的文本时，依然能保持高效的信息追踪能力，相比于传统模型这种能力得到大幅提升。

除了"跳读"，DeepSeek 还拥有一个强大的"专家团队"——MoE 架构。正如前面我们提到的，这种架构就像由多位不同领域的专家组成，当面对一篇长文本时，模型会智能地将不同段落分配给最擅长处理该领域的"专家"子网络。这些"专家"并行工作，高效地处理各自负责的文本片段，并通过动态路由机制巧妙地将信息汇总，最终实现对长文本的全局语义分析。这种"团队协作"模式有效避免了传统模型在处理长文本时容易出现的逻辑断裂问题，确保了 DeepSeek 在理解长篇报告、复杂文档时依然能保持逻辑的连贯性。

为了更直观地展现 DeepSeek 在长文本处理上的实力，我们可以用一些实际的任务数据来呈现。在金融分析领域，面对长达 200 页的财务报告，DeepSeek 能精准地提取关键风险点。在法律检索方面，DeepSeek 可以将原本需要 20 人月才能完成的 500 份合同尽职调查任务缩短到仅仅 3 天，法律摘要的准确率也大大提高。在科研领域，DeepSeek 甚至能通过分析 2 万篇生物医学论文，发现阿尔茨海默病的潜在治疗靶点，展现出强大的科研辅助能力。

当然，DeepSeek 在长文本处理方面也并非完美。就像人脑一样，即使记忆力再强，面对超长篇幅的信息轰炸，也可能会出现信息衰减甚至"幻觉"的情况。当输入文本超过 100K token 时，DeepSeek 在长文本末端的信息召回率也会有所下降。此外，目前的 DeepSeek 模型主要还是以文本处理为主，在多模态协同方面，例如处理视频分析等任务时，相比于一些专门的多模态模型可能还有提升空间。

总之，DeepSeek 模型凭借其超大的上下文窗口、动态稀疏注意力机制和 MoE 架构等一系列技术创新，已经在上下文理解和长文本处理方面达到了全新的高度。它就像一位博览群书、记忆超群的智者，能帮助我们在信息爆炸时代更高效、更精准地从海量文本中提取有价值的信息，为各行各业带来效率革命。虽然仍有进步空间，但 DeepSeek 在长文本处理领域的突破，无疑为 AI 未来的发展打开了更广阔的想象空间。

头脑风暴：

① AI 的记忆就像一个巨大的图书馆，不同的是这个图书馆是活的，它不仅能存储，还能实时关联和推理。

② 动态稀疏注意力机制本质上是把人类的"抓重点"能力数字化了，这不就是把认知科学的发现转换为算法了吗？

③ MoE 架构像在 AI 内部建立了一个微型社会，不同"专家"各司其职又协同合作，这不正是人类社会分工协作的映射吗？

④ 当 AI 能处理《三体》这样的巨著时，它或许已经具备了某种"文学感知力"，技术正在触及艺术的边界。

⑤ 在处理海量信息时，AI 也会像人脑一样出现"疲劳"，这种相似性是巧合，还是必然？

⑥ DeepSeek 处理长文本的方式，暗示了一种新的知识获取范式——从线性阅读到网状认知。

⑦ 当 AI 可以在 3 天内完成 20 人月的工作量时，我们是否需要重新定义"效率"这个概念？

关键启发：

AI 正在重塑信息处理的边界，这不仅是一种量的突破，还是一种全新的认知模式的诞生。这提醒我们，技术进步不只是效率的提升，还是认知革命的开端。

8. DeepSeek 的推理能力如何？在逻辑推理、数学计算方面表现如何？

DeepSeek 模型的推理能力，堪称其皇冠上的明珠，在 AI 领域熠熠生辉。一言以蔽之，DeepSeek 的推理能力如同一位洞察秋毫、思维缜密的智者，它不仅擅长厘清世间万物的内在逻辑，还能基于此做出令人信服的判断与高瞻远瞩的预测。尤其在逻辑推理与数学计算这两大堪称 AI "硬骨头"的领域，DeepSeek 更是展现出足以令业界侧目的实力。

第 2 章　DeepSeek 技术揭秘：探寻智能内核

我们可以将 DeepSeek 的"推理能力"形象地比作一位技艺精湛的 AI 侦探。如同现实中优秀的侦探，DeepSeek 并非仅仅依赖于对海量数据的机械式记忆，而是还注重运用严丝合缝的逻辑思维，从看似纷繁芜杂的线索中抽丝剥茧，如同侦探细致入微地观察现场的蛛丝马迹（数据），再将这些线索环环相扣、彼此印证，最终还原出隐藏在表象之下的真相，如同侦探拨开重重迷雾最终锁定真凶（答案）一般。DeepSeek 模型正是这样一位 AI 侦探，它所处理的信息量级远超案件现场的复杂程度，但它依然能够游刃有余地进行逻辑推理与数学计算，帮助人们洞悉复杂问题的本质，并寻找到最优的解决方案。

在逻辑推理的舞台上，DeepSeek 的演出堪称惊艳。正如一位逻辑大师，DeepSeek 展现出超越寻常模型的非凡水准。在面对那些考验逻辑思维的经典测试，如需要辨别三段论推理陷阱的题目时，DeepSeek 模型展现出令人赞叹的敏锐性，它能够精准地识别出逻辑谬误，如同大师般轻松避开我们人类常犯的联想式错误。即使是面对那些略显刁钻、反直觉的，如蕴含着"空集"概念的逻辑难题，DeepSeek 也展现出令人惊喜的潜力。在经过恰当的"提示"之后，DeepSeek 的正确率甚至能够实现惊人的跃升，从原本的水平扶摇直上，直达令人印象深刻的新高度。这正如一位思路一度受阻的侦探，在关键时刻得到了高人指点，瞬间醍醐灌顶，拨云见日，直击问题核心。更令人称道的是，在处理更为深奥、复杂，需要运用"谓词逻辑"等高阶思维技巧的难题时，DeepSeek 的正确率更是一骑绝尘、傲视群雄，甚至能够超越以推理能力强大而著称的 GPT-4o 模型，超出其足足 18 个百分点。这无疑有力地证明了，DeepSeek 的推理能力并非"纸上谈兵"的花架子，而是真正拥有在复杂逻辑迷宫中自由穿梭、探寻真理的硬核实力。

当然，如同任何一位智者，DeepSeek 的逻辑能力也并非完美无瑕。正如人类在思考时难免也会陷入思维定势，DeepSeek 在面对某些设计精巧、极具迷惑性的"逻辑陷阱题"时，也可能会不慎"失足"。但饶有趣味的是，DeepSeek 的错误类型往往与我们人类的错误颇为相似，这或许也从侧面印证了 AI 在逻辑思维方面正在以前所未有的速度向人类智慧靠拢。更令人感到振奋的是，当 DeepSeek 模型偶尔"犯错"时，我们只需要稍加"点拨"，如同老师引导学生一般，引导它重新审视问题的角度，调整思考的策略，DeepSeek 便能展现出令人赞叹的自我纠错和快速适应能力，迅速修正错误，重回正轨。这充分说明 DeepSeek 的逻辑推理能力已经非常接近甚至在某些方面展现出超越普通人的潜力，足以应对日常生活和工作中遇到的各类逻辑挑战。

如果说逻辑推理是 DeepSeek 的"左脑",那么数学计算能力则堪称其同样令人惊艳的"右脑"。在数学计算的广阔天地中,DeepSeek 展现出的强大绝不仅仅体现在令人惊叹的解题速度上,还在于其解题的精准度和令人叹服的深度。在一些考查基础运算能力的小学奥数题测试中,DeepSeek-Coder-V2 模型便展现出直追 GPT-4o 的卓越水平,能够准确解答绝大部分难题,甚至能够轻松"拿下"那些让我们这些"久经沙场"的成年人都感到"挠头"的奥数题目。而在更为高阶的微积分计算领域,DeepSeek 的定积分求解准确率也超越了众多以数学能力见长的其他模型,展现出其在高等数学领域的扎实功底。更令人惊喜的是,即使在物理方程推导这样不仅需要数学计算能力,还需要强大推理能力的复杂领域,DeepSeek 也展现出令人刮目相看的实力。例如,在解决经典的简谐振子问题时,令人称道的是,DeepSeek 不仅能够迅速给出精准的答案,还能够比其他模型更快地纠正自身在推导过程中出现的错误,它仿佛一位经验老到的物理学家,能够迅速洞悉问题的本质,并给出最优的解题方案。

为了更进一步量化 DeepSeek 数学计算能力的"含金量",科研人员对 DeepSeek 模型进行了一系列堪称严苛的基准测试。在著名的 MATH-500 数学竞赛题集这一公认的"试金石"上,DeepSeek 的准确率高达 97.3%,远超 OpenAI o1-mini 等同类模型。在更具挑战性的 AIME 2024 数学竞赛测试中,DeepSeek 的 pass@1 指标也达到了令人瞩目的 79.8%,再次力压群雄,超越了 OpenAI 的同类模型。这些数据清晰地表明,毫无疑问,DeepSeek 在数学计算领域已经达到业界的顶尖水平。

当然,我们也要清醒地认识到,DeepSeek 的推理能力并非没有边界。在面对一些难度系数极高、极其复杂,甚至需要创造性数学证明才能解答的难题,如国际奥林匹克数学竞赛(IMO)级别的压轴题目时,DeepSeek 模型目前所采用的树搜索技术,虽然能为模型性能带来一定的提升,但效果仍然相对有限,这也从侧面印证了 AI 在自主构建复杂推理链条方面,仍然有着漫长的道路需要探索。此外,在面对某些精心设计、极具迷惑性的逻辑陷阱题时,DeepSeek 的错误依然存在,这也时刻提醒我们,在 AI 的逻辑推理能力方面依然任重道远。DeepSeek 模型的优缺点如图 2-14 所示。

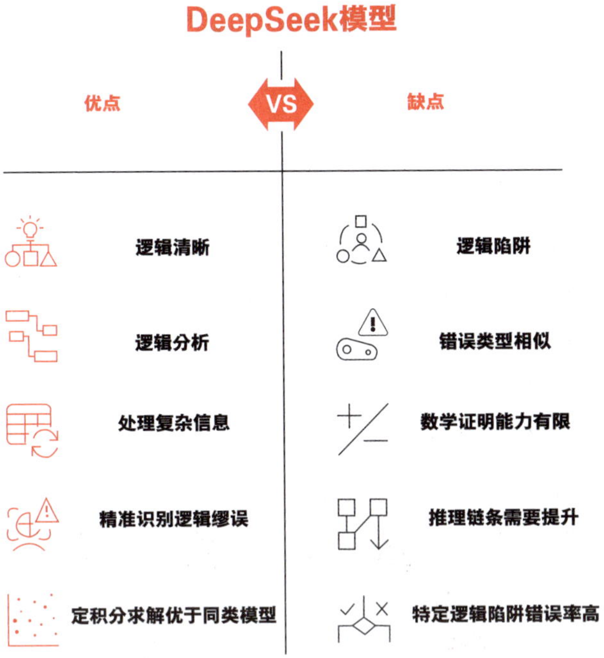

第 2 章　DeepSeek 技术揭秘：探寻智能内核

DeepSeek模型

优点　　VS　　缺点

优点	缺点
逻辑清晰	逻辑陷阱
逻辑分析	错误类型相似
处理复杂信息	数学证明能力有限
精准识别逻辑缪误	推理链条需要提升
定积分求解优于同类模型	特定逻辑陷阱错误率高

图 2-14

 头脑风暴：

① "智能侦探"：AI 思维的特征其实很像福尔摩斯式的推理过程，从蛛丝马迹中重构事实真相。想象一下，如果让 AI 来当侦探或法官，会产生哪些有趣的判案视角呢？

② "左右脑模型"：把 AI 的逻辑和数学分成左右脑，可以设计"偏感性"与"偏理性"的专门化 AI，就像人类的专业分工一样。

③ "错误的相似性"：AI 犯错与人类犯错的模式类似，这说明 AI 或许在以"人类的方式"思考。这个发现可以启发我们研究认知科学。

④ "提示即纠错"：只需简单提示就能纠正错误，这让 AI 看起来像一个开放思维的学习者。这种特性能否用于教育创新？

⑤ "数学直觉"：在数学竞赛中超越人类，说明 AI 可能已经形成了某种"数学直觉"。这对认知科学有重大启示。

 关键启发：

AI 的思维模式与人类认知有着惊人的相似性，这或许意味着"智能"本身具有普遍的模式和规律，无论是自然智能还是 AI。这个洞见可能会重新定义我们对智能本质的理解。

9. DeepSeek 的创造力如何？

DeepSeek 的创造力，就像一座取之不尽、用之不竭的灵感宝库，它不仅能高效地产出各种内容，还能跨越不同领域的界限进行天马行空的创意融合，甚至在语言的创新性表达上展现出令人惊喜的火花。如果你是一位作家、艺术家，或者任何需要创意灵感的人，DeepSeek 都可能成为你强大的盟友，为你打开一扇通往无限创意世界的大门。DeepSeek 的创造力特征如图 2-15 所示。

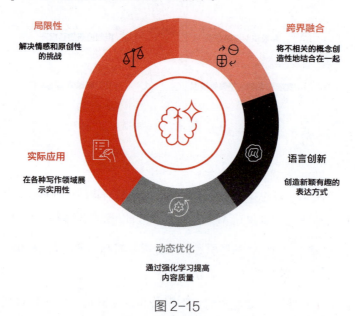

图 2-15

我们先来看看 DeepSeek 是如何展现其"跨界融合"创造力的。它能将看似风马牛不相及的概念巧妙地结合在一起，碰撞出意想不到的火花。比如，它能将硬核科幻的《流浪地球》风格与接地气的李佳琦直播话术融为一体，创作出既科幻又亲切的防晒霜广告脚本。想象一下，太空舱缓缓升起，镜头一转，李佳琦标志性的 OMG 尖叫响起："姐妹们，这款防晒霜真的是宇宙级 SPF 防护！"这种跨界能力也体现在它能将看似抽象的知识管理方法论转化为生动形象的美妆教程，用"底妆–遮瑕–高光"的比喻类比 AI 工具的使用流程，让人一下子就明白了复杂的技术概念。

更令人称道的是，DeepSeek 还具备"语言创新"的本领。它能在看似平常的语言中，创造出让人眼前一亮的新鲜表达。在一段模拟菜市场吆喝的文本中，DeepSeek 创造了"鱼尾健美操"这样的词汇，将鱼尾的活力生动地描绘出来，充满了趣味性和画面感。在处理中文特有的双关语时，DeepSeek 也展现出惊人的理解力，它能巧妙地运用"谐音梗"，将"量子阅读"这样的概念自然地融入文本中，其准确率甚至超越了以语言理解见长的 ChatGPT。

  DeepSeek 的创造力，还体现在其"动态优化"的能力上。它的创作过程并非一蹴而就，而是不断迭代、不断进化的。通过强化学习技术，DeepSeek 能从反馈中学习，不断提升创作质量，将内容从初稿到爆款的优化周期缩短到传统流程的五分之一。想象一下，一位作家原本需要花费数周甚至数月才能完成的作品，借助 DeepSeek 可能几天就能迭代完善，这无疑将极大地提升了创作效率。DeepSeek 还能在不同的文学流派风格之间自由切换，从充满侠义豪情的武侠风到充满未来感的赛博朋克风，都能信手拈来，实现不同风格之间的平滑过渡，这为创作者提供了更广阔的创作空间和更多元的风格选择。

  那么，DeepSeek 在实际的写作领域中又有哪些潜力呢？我们可以看到，DeepSeek 在网络小说创作、商业文案撰写、公文写作甚至学术创作等多个领域都展现出巨大的应用价值。在网络小说领域，DeepSeek 能日产 30 万字连载小说，并且能保证小说角色行为的前后一致性，这对于需要大量内容输出的网络文学创作者而言无疑是一大利器。在商业文案领域，DeepSeek 能创作出"李佳琦式 OMG 尖叫+《舌尖上的中国》式抒情"的防晒霜广告，并获得数百万次的播放量，这证明其生成的文案，不仅能抓住用户眼球，还能有效传递产品信息，提升营销效果。在公文写作领域，DeepSeek 能将合同条款的生成效率提升 7 倍，合规性校验准确率更是高达 99.3%，这无疑将极大地提升办公效率，降低人工错误率。在严谨的学术创作领域，DeepSeek 甚至也能自动生成带有参考文献标注的论文框架且查重率极低，这为科研人员节省了大量文献整理和格式排版的时间，让他们能更专注于研究本身。

  当然，DeepSeek 的创造力也并非没有局限性。在需要细腻情感描写的场景中，比如描写角色心理的复杂变化过程，DeepSeek 生成的内容可能还略显生硬，需要人工进行细致的调整。用户调研显示，AI 生成的诗歌在情感共鸣度方面，相比于人类作品仍然略有不足。此外，DeepSeek 在版权方面也存在一些潜在的争议。由于 AI 生成内容的可复制性极强，网络小说平台已经出现一些内容雷同的投诉，这主要是因为相似的提示词容易导致 AI 生成的内容趋于同质化。法律界也正在推动建立"AI 贡献度标识"制度，希望能明确标注内容中 AI 参与的比例，以厘清版权归属问题。在创新性方面，DeepSeek 的创造力目前仍更多地体现在对现有元素的重组和优化上，在完全原创的新文学流派创造方面，还需要人类提供最初的概念框架。

DeepSeek 的创造力，本质上是一种"超量级灵感库"与"精准执行者"的结合。它能为创作者提供海量的灵感素材，并高效地将这些灵感转化为具体的作品。DeepSeek 的出现重新定义了创作流程，未来的创作模式很可能是人类负责战略级的创意构思，AI 负责战术级的内容生产，人机协同，各展所长。

头脑风暴：

① **人机创作就像"双人舞"**。人类是舞蹈编导，设计优美的动作；AI 是完美舞者，将动作精准展现。这种默契的配合将会创造出超越单打独斗的艺术价值。

② **DeepSeek 是"创意炼金术士"**。它能将不同领域的元素在思维熔炉中重组，如"李佳琦＋科幻片"，炼造出令人耳目一新的内容"黄金"。

③ **AI 创作像是"无限镜像"**。一个创意点被不断优化、迭代、放大，形成层层递进的创意之镜，折射出无数可能性。

④ **DeepSeek 堪比"跨界 DJ"**。将不同风格、领域的元素完美"混音"，创造出前所未有的文化新体验。

⑤ **AI 就是创作者的"第二大脑"**。它不仅能存储信息，还能主动思考、联想、创新，成为创意伙伴而非工具。

关键启发：

AI 不是取代创造力，而是解放创造力，它让人类从重复性创作中解脱出来，专注于更高层次的创意构思，开启人机协同创新的新时代。

10. DeepSeek 会犯错吗？

DeepSeek 模型就像一位博学多才，却也并非完美的"智者"。它拥有强大的知识储备和令人惊叹的语言能力，但像我们人类一样，DeepSeek 也可能会犯错，甚至会出现一些被称为"幻觉"的奇特现象。这并不是说 DeepSeek 故意欺骗我们，而是因为 AI 模型的工作原理与人类的大脑有所不同，导致它们在某些情况下，会"一本正经地胡说八道"。

要理解 DeepSeek 的"幻觉",我们可以先想象一下,当我们做梦的时候,有时会梦到一些非常真实,但醒来后发现完全是虚构的情景。AI 模型的"幻觉"就有点类似于这种梦境,模型会在没有事实依据的情况下,自信满满地生成一些看似合理、实则错误的信息。比如,DeepSeek 可能会信誓旦旦地告诉你,西安存在一个"交通静默区",或者绘声绘色地描述其创始人梁文锋的创业情怀故事,但这些信息很可能都是模型自己"编造"出来的,现实中根本不存在。用户在使用 DeepSeek 的过程中也确实遇到过类似的情况,例如,在进行数学计算时出现低级错误,或者生成一些营销案例时真假信息混杂,这些都需要人工仔细甄别。

那么,为什么 DeepSeek 这样的先进 AI 模型也会出现"幻觉"呢?其中既有技术上的原因,也与 AI 模型的学习方式有关。一方面,AI 模型的知识主要来源于海量的数据训练。如果训练数据本身就包含一些错误信息,比如网络谣言、不实报道等,那么模型在学习的过程中就难免会受到"污染",从而"以讹传讹",生成虚假信息。另一方面,AI 模型的推理能力虽然强大,但并非完美。在处理一些复杂的逻辑问题,或者进行多步骤计算时,模型也可能会出现推理上的偏差,导致结果出错。此外,AI 模型还存在一种"过度泛化"的倾向,它们可能会将一些局部的、个别的知识,错误地推广到更广泛的领域,从而产生"以偏概全"的幻觉。更重要的是,AI 模型有时候会"误解"人类的指令。当我们向 AI 提出一些比较开放式的问题,或者要求模型进行一些推测性的回答时,模型可能会将这种指令理解为"自由创作"的邀请,从而放飞想象力,生成一些脱离事实的虚构内容。

虽然"幻觉"问题难以根除,但 DeepSeek 的技术团队及整个 AI 研究领域都在积极探索各种方法来尽可能地减少错误,提高模型的可靠性。在技术层面,研究人员正在尝试引入检索增强生成(Retrieval-augmented Generation,RAG)技术。这种技术就像给 AI 模型配备了一个"外脑",在生成答案之前,先让模型查阅权威的知识库,确保信息的准确性。此外,还有研究人员尝试为 AI 模型的答案添加"置信度标注",就像给每个答案都打上一个"可信度评分",帮助用户判断信息的可靠程度。更进一步的还有溯源追踪系统,让 AI 模型在给出答案的同时,提供相关的参考资料链接,方便用户追溯信息的来源进行更深入的验证。

对于我们普通用户而言,在使用 DeepSeek 的过程中,可以通过掌握一些实用的技巧来最大限度地避免"幻觉"问题带来的困扰。比如,精准的提问控制,我们可以用"四步提问法"(背景 + 任务 + 要求 + 补充),如"作为医学研究者,请基于 2024 年《柳叶刀》的数据,分步骤分析新冠疫苗的有效性,并标注数据来源",或者调整温度参数至 0.5 以下（默认 1.0）来降低生成随机性。不管采用哪种技巧，最重要的一点是要学会"追问验证"。当我们从 DeepSeek 得到答案时，不要轻易地全盘接受，要"打破砂锅问到底"，多维度地追问细节，如要求模型提供具体的时间、地点、数据来源等，通过不断地追问来检验信息的真实性。更严谨的做法是建立一个"交叉核验矩阵"，将 DeepSeek 生成的内容放到搜索引擎、专业数据库中进行比对，甚至咨询领域专家的意见，多方求证，确保万无一失。同时，我们也要对一些"高风险场景"保持警惕。例如，当我们需要 AI 提供涉及人身安全、财产决策的建议，或者引用一些非公开的政策、内部文件时，尤其需要谨慎，务必进行多重验证，切不可盲目相信 AI 的输出。

为了从根本上解决"幻觉"问题，DeepSeek 的技术团队也在不断努力，尝试从系统层面进行优化。一个重要的方向是构建混合架构，在 AI 模型的关键环节引入符号系统，例如在进行数学计算时，直接调用成熟的数学引擎，确保计算的精确性。此外，研究人员还在尝试通过对抗训练的方式，使用包含大量"陷阱问题"的数据集来训练模型，提高其识别和避免幻觉的能力。更长远来看，建立完善的用户反馈闭环也至关重要。通过建立错误案例自动收集系统，让用户可以方便地提交 AI 模型出现的错误，并将这些错误案例用于模型的持续微调和改进，形成良性循环。DeepSeek 当前面临的挑战与相应的技术解决方案，如图 2-16 所示。

图 2-16

虽然 DeepSeek 目前的"幻觉率"高于行业平均水平,但这并不意味着 DeepSeek 不可靠。事实上,通过合理的策略组合,我们可以将 DeepSeek 在实际使用中的风险降低到一个可接受的水平。更重要的是,我们必须建立一种基本的认知:AI 的输出内容并非永远都是"正确答案",在关键领域,我们仍然需要保持人类监督者的决策权。相信随着技术的不断进步,DeepSeek 及所有的 AI 模型都将变得越来越可靠,越来越值得信赖,最终成为人类智慧的有力延伸。

 头脑风暴:

① AI 的"幻觉"竟然像人类的梦境!人类的创造力是否也源于某种"可控的幻觉"?艺术创作、科学突破是否都需要这种"跳出常规"的想象力?

② "外脑"概念太妙了!如果给人类也配备这样一个实时查证的"外脑"系统,是否能大幅提升我们的决策准确性?这或许是增强人类智能的新方向。

③ "交叉核验矩阵"这种方法不仅适用于 AI,还可以被推广到所有信息获取场景。比如,建立个人的"信息可信度评估体系",让每个人都成为"信息品质把关人"。

④ AI 模型的"过度泛化"问题,让我想到人类社会中的"刻板印象"形成机制,这会不会给我们提供新的视角来理解和解决偏见问题?

⑤ "对抗训练"的概念特别有趣,通过不断挑战来提高能力,这不正是"逆境成长"的最好诠释吗?我们可以把这个理念应用到教育领域。

AI 的局限性恰恰展现了人类智慧的独特价值,真正的智慧不在于完全避免错误,而在于知道如何明智地与不完美共处,并从中不断进化。AI 的"缺陷"反而成为激发人类思考和创新的催化剂!

11. DeepSeek 的安全性和隐私保护如何?数据泄露风险如何防范?

在科技浪潮的驱动下,AI 如同破土而出的新芽,快速渗透到我们生活的方方面面。DeepSeek 作为这场变革中的弄潮儿,其安全性和隐私保护自然成为公众关注的焦点。

毕竟，数据已成为驱动智能的燃料，如何守护这份燃料的安全，就如同守护数字时代的生命线。

DeepSeek 深知数据安全的重要性，并为此构建了一套多层次的防御体系。想象一下，数据在 DeepSeek 的世界里，就像被层层保险箱保护的珍贵宝藏。首先是技术加密这把坚固的锁，AES-256 加密算法如同密码学家精心设计的迷宫，让数据在传输和存储过程中都披上一层隐形斗篷，即使落入不法之徒手中，也只是一堆无法解读的乱码。更进一步，DeepSeek 还设立了严格的访问控制，如同银行的金库大门，采用了 RBAC 权限模型，重要操作需要双重认证，确保只有授权人员才能触碰到核心数据。一旦出现任何"风吹草动"，DeepSeek 的应急响应机制就像训练有素的消防队在 15 分钟内迅速启动，将风险控制在最小范围。

在隐私保护方面，DeepSeek 也展现出科技的温度。它推崇数据最小化原则，就像一位精打细算的管家，只收集必要的 prompt 文本，避免过度采集用户的个人信息。对于数据的存储地点和用途，DeepSeek 也选择了透明公开，这份坦诚在数据隐私保护领域显得尤为可贵。

然而，即便拥有如此严密的防护体系，DeepSeek 也并非高枕无忧，就像再坚固的堡垒，也有可能由于内部的疏忽而被攻破。2025 年 1 月发生的数据泄露事件就给我们敲响了一次警钟，配置错误的云存储实例如同敞开的后门，暴露了超过百万条敏感记录。这就提醒我们，技术防护再强大也需要时刻警惕人为的疏漏。AppSOC 的安全测试也显示，DeepSeek-R1 在某些安全环节存在薄弱之处，这也提醒我们 AI 模型本身的安全也需要持续的打磨和提升。

面对数据泄露的风险，我们需要构建立体的防范体系。对于企业而言，私有化部署如同将数据保险箱搬回家，让数据不出企业内网，从源头上降低泄露风险。内容审查机制如同安全卫士，能实时拦截包含个人身份信息的输入，避免敏感数据外泄。日志脱敏则如同给日志穿上马甲，自动替换敏感字段，让风险追踪更加安全可控。

对于普通用户来说，规避敏感场景是首要原则，避免在对话中透露医疗记录、商业机密等敏感信息。使用提示词加固，采用严格模式可以降低模型产生"幻觉"的概率，减少不必要的风险。定期清理数据，设置自动删除周期，则能让数据足迹更加安全。

展望未来，DeepSeek 的安全之路依然任重道远。基础设施的脆弱性、模型自身的安全缺陷及国际法律的适配困境，都是摆在 DeepSeek 面前的挑战。云原生架构的配置错误、日志系统的潜在漏洞、模型越狱攻击的威胁及供应链攻击的风险，都如同潜伏在暗处的幽灵，需要时刻警惕。不同国家和地区的数据保护法律法规的差异，也给 DeepSeek 的全球化发展带来了合规挑战。DeepSeek 安全防护进阶之路如图 2-17 所示。

图 2-17

提升 DeepSeek 的安全性和隐私保护水平，需要技术与管理策略的双轮驱动，也需要用户安全意识的同步提升。没有绝对安全的系统，只有不断进化的安全防护。DeepSeek 在数据安全和隐私保护的道路上，仍需不断探索和完善。而我们作为用户，也需要提升自身的安全意识，共同构建一个更加安全可信的智能世界。

头脑风暴：

① "数字保险箱悖论"：就像物理世界的保险箱越结实反而越容易引起小偷注意一样，数据安全防护越严密，越有可能成为黑客重点攻击的目标。安全防护要像水一样灵活，而不是像钢铁一样僵硬。

② "数据足迹即身份证"：每个人的数据使用习惯都像指纹一样独特，即使匿名化处理后仍可能被识别。真正的隐私保护需要从源头改变数据的产生方式。

③ "人性漏洞效应"：再完美的技术防护体系，也有可能被最简单的人为疏忽击破。

安全体系要考虑人性弱点，设计容错机制。

④ "数字免疫系统"：像人体免疫系统一样，AI 系统也需要 "免疫记忆" 来应对新的安全威胁。我们需要打造自适应进化的安全防护机制。

关键启发：

安全不是堡垒，而是生态系统，真正的数据安全需要技术、管理和人性的共同进化，形成动态平衡的防护生态。

12. DeepSeek 未来可能发展出 "强人工智能" 吗？

这是一个引人入胜的问题，尤其当我们身处 AI 技术飞速发展的今天。要解答这个问题，需要我们像一位科学探险家，拨开层层迷雾，深入剖析 DeepSeek 的现状与未来。

首先，我们需要理解什么是 "强人工智能"。它并非只在特定任务上超越人类，比如下围棋或者识别图像，而是指一种拥有真正的人类级别智能的机器，它们能像我们一样思考、理解、学习，甚至拥有自主意识和创造力。这听起来既令人兴奋，又有些遥远。

那么，DeepSeek 目前的技术水平又处于怎样的阶段呢？就像一位技艺精湛的工匠，DeepSeek 巧妙运用了混合专家模型架构，展现出 AI 系统向着更智能、更专业化的方向发展的一丝曙光。DeepSeek 在自主学习方面也取得了很大进展，可以通过纯粹的强化学习，在没有预先标注数据的情况下获得强大的推理能力。这种自主学习的能力，无疑是通往 "强人工智能" 道路上的一块重要基石。

然而，当我们为 DeepSeek 的创新喝彩时，也必须清醒地认识到通往 "强人工智能" 的道路绝非坦途。就像攀登珠穆朗玛峰，我们不仅要仰望顶峰的辉煌，还要正视眼前的重重挑战。

首先是计算能力的瓶颈。虽然 DeepSeek 在计算效率上有所突破，但其庞大的模型仍然依赖于强大的算力支持。无论训练方法如何创新，本质上，它仍然是一个需要不断优化和庞大算力支撑的统计模型。这就像再聪明的厨师，也需要足够的食材和烹饪设备才能做出美味佳肴。

更深层次的局限性则在于认知层面。目前的 AI 模型，包括 DeepSeek，在真正的理解能力、自主意识、通用问题解决能力和创造性思维等方面，仍然存在着巨大的鸿沟。它们就像一位记忆力超群的学者，可以熟记海量的知识，却难以像人类一样灵活运用、融会贯通，更遑论产生真正的创新。实现"强人工智能"面临的挑战如图 2-18 所示。

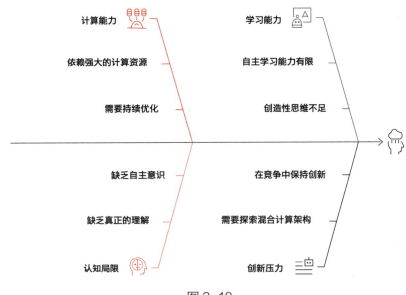

图 2-18

尽管如此，我们也不能因此否定 DeepSeek 及整个 AI 领域的未来潜力。技术的发展往往是一个螺旋上升的过程，每一次突破都在为下一次飞跃积蓄力量。DeepSeek 未来的发展方向，也为我们描绘出了一幅充满希望的蓝图。

我们可以预见到，未来的模型规模将会继续扩大，但重心会更加倾向于效率的优化，让智能系统在有限的资源下发挥更大的作用。同时，通过强化学习等手段，AI 的自主学习能力也将不断提升，使其能更好地适应复杂多变的环境。此外，探索混合计算架构，将云端强大的计算能力与本地设备的处理能力相结合，也将成为提升 AI 系统性能的重要途径。

当然，DeepSeek 的发展并非一帆风顺，它将面临来自 OpenAI 等强大竞争对手的巨大压力。然而，这种竞争并非坏事，它就像一场激烈的赛跑，推动整个行业不断向前发展，朝着更高级的形态演进。

虽然 DeepSeek 在技术效率和学习方法上展现出令人瞩目的创新，但要实现真正的"强人工智能",仍然面临着巨大的挑战。目前,DeepSeek 的发展更多地体现为在特定领域的能力提升,而非通向"强人工智能"的质变。但这并不意味着"强人工智能"的梦想遥不可及。对 DeepSeek 的探索及整个行业的努力,都在为我们积累宝贵的经验,为未来的突破奠定基础。也许在不远的将来,当我们回望今天时,会发现 DeepSeek 此刻的每一步,都如同星光般照亮了通往"强人工智能"的漫漫征途。

头脑风暴:

① AI 就像一个"没有自我意识的天才":它可以完美复制和组合已知信息,却难以突破创造性思维的天花板。这让人联想到一个没有灵魂的超级计算器。

② DeepSeek 的混合专家模型架构,像在模仿人类大脑的"分工协作"机制。也许真正的突破不在于做得更大,而在于架构设计得更巧妙。

③ 自主学习能力是通往"强人工智能"的关键节点。就像婴儿通过不断尝试和失败来学习走路一样,AI 需要真正具备"主动探索"的能力。

④ 计算能力的瓶颈提醒我们:也许我们一直在错误的方向上发力。人类大脑的能耗其实很低,我们是否应该追求"低能耗、高智能"的方向?

⑤ "强人工智能"的实现可能需要一个"认知革命"。就像量子计算突破了传统计算的限制,我们可能需要一种全新的计算范式。

关键启发:

通往"强人工智能"的道路,不是简单的技术叠加,而是需要在认知科学、计算架构和学习方法上实现质的飞跃。就像生命不是简单的分子堆积,而是在某个临界点突然产生的涌现性质。

技术的世界总是充满挑战与惊喜。在本章中,我们一同深入 DeepSeek 的技术腹地,探究了 LLM 训练的奥秘,了解了 DeepSeek 独特的技术优势,也直面了关于蒸馏、安全、幻觉等问题的讨论。相信通过这些深入的剖析,你对 DeepSeek 的技术实力和潜在风险有了更加客观和全面的认知。技术是冰冷的,但应用技术的人是有温度的。理解技术是为了更好地驾驭技术,服务于人类。下一章,我们将从技术殿堂走向应用实践,探索如何掌握 DeepSeek 的应用之道,让智能技术真正为我们所用。

第 3 章
DeepSeek 实战:
掌握智能应用之道

如果说前两章我们分别完成了"认识 DeepSeek"和"理解 DeepSeek"的任务,那么本章,我们将聚焦"应用 DeepSeek"。正如武侠小说中描述的,学绝世武功的最终目的是将其运用到实际战斗中。AI 技术亦是如此,只有掌握应用方法,才能真正发挥其价值。本章我们将从提示词工程入手,逐步深入到 DeepSeek 在办公、教育、医疗、金融、法律、创作等各个领域的应用实践,手把手教你掌握 DeepSeek 的应用之道,让你成为智能时代的弄潮儿。

DeepSeek 全攻略：人人需要的 AI 通识课

1. 为什么学习提示词很重要？

在 AI 的世界里，我们与智能系统对话的方式就如同音乐家手中的指挥棒引导乐队奏出千变万化的乐章。而这根指挥棒在 AI 的领域，便被称作"提示词"（Prompt）。简单来说，提示词就是你输入给 DeepSeek 这类 AI 系统的指令，它可以是一个问题、一段描述，甚至是一组关键词，目的只有一个：引导 AI 按照你的意愿去思考、去创造，最终呈现出你所期望的结果。

你可以将提示词想象成一把开启 AI 宝藏的钥匙。钥匙的质量，直接决定了宝藏的价值。一个好的提示词，就像一位经验丰富的向导，能清晰地指引 AI 工作的方向，激发它潜在的智能，最终为你呈现出高质量的答案、精美的文章或是富有创意的设计。反之，如果提示词含糊不清，指令不明，AI 就如同迷失在茫茫大海上的航船，难以准确理解你的意图，自然也无法产出令人满意的结果，如图 3-1 所示。

AI时代的指挥棒

低质量提示词

"写一篇关于咖啡的文章"

效果
文章质量：★★☆☆☆
创意度：★☆☆☆☆

低质量提示词含义不清，指令不明，AI 如同迷失在茫茫大海上的航船，难以准确理解你的意图，自然也无法产出令人满意的结果。

提示词（Prompt）

可以是一个问题、一段话或几个关键词，目的是让AI按你的想法思考或创作，得到你想要的结果。

VS

高质量提示词

"请以咖啡爱好者的口吻，分享你在某某咖啡馆品尝某某咖啡的体验，重点描写咖啡的风味特点，并结合咖啡馆的氛围，表达你对这家咖啡馆的喜爱之情。"

效果
文章质量：★★★★★
创意度：★★★★☆

一个好的提示词，就像一位经验丰富的向导，能清晰地指引AI工作的方向，激发它潜在的智能，最终为你呈现出高质量的答案、精美的文章或是富有创意的设计。

图 3-1

那么，为什么学习提示词如此重要呢？在 AI 日益普及的今天，掌握提示词的技巧，就如同掌握了一项全新的超能力，它将极大地提升你的工作效率，拓展你的创造力，甚至影响你在未来社会中的竞争力。

首先，提示词的质量直接决定了 AI 输出内容的质量。"输入的是垃圾，输出的也是垃圾"。如果你希望 AI 为你创作一篇引人入胜的文章，那么你需要提供高质量的提示词，清晰地描述文章的主题、风格，以及你期望达成的效果。例如，与其简单地说"写一篇关于咖啡的文章"，不如更具体地描述："请以咖啡爱好者的口吻，分享你在某某咖啡馆品尝某某咖啡的体验，重点描写咖啡的风味特点，并结合咖啡馆的氛围，表达你对这家咖啡馆的喜爱之情。"这样一来，AI 就能更准确地理解你的意图，创作出更符合你期望的文章。

其次，掌握提示词的技巧能帮你解锁 AI 更高级的功能和潜力。仅使用简单的提示词，你可能只触及到 AI 能力的冰山一角。想要真正驾驭 AI，让它为你完成更复杂、更具挑战性的任务，例如进行深度思考、复杂推理、创新创造，就需要学习更高级的提示词技巧。例如，通过"思维链"提示词，你可以引导 AI 逐步推理，解决复杂问题；通过"角色扮演"提示词，你可以让 AI 扮演特定角色，模拟专业人士的思维方式。掌握这些高级技巧，你才能真正释放 AI 的潜力，让它成为你强大的助手。

此外，在工作场景中，掌握提示词技巧能显著提升你的工作效率和生产力。无论是撰写文案、报告、邮件，还是进行信息搜集、数据分析、市场调研，AI 都能在提示词的引导下，为你节省大量的时间和精力。更重要的是，掌握提示词，意味着你能将那些重复性、低价值的工作交给 AI 完成，从而将更多的时间和精力投入到更具创造性和价值的工作中。

在 AI 时代，提示词正在成为一种新的核心技能。未来，掌握提示词技巧的人将能更好地利用 AI 工具，在职场中脱颖而出，保持强大的竞争力。而那些不了解提示词或者无法有效运用提示词的人，则可能在 AI 的浪潮中逐渐被边缘化。

从更深层次来看，学习提示词的过程，也是一个理解 AI 工作原理的过程。通过不断地尝试和优化提示词，你会逐渐了解 AI 的优势和局限性，了解它是如何理解和处理你的指令的，从而更好地与 AI 协同工作，共同创造价值。

提示词是连接人类智慧和 AI 能力的桥梁，它是我们在 AI 时代与 AI 协同工作的"语言"。学习提示词，不仅仅是学习一些简单的指令，更重要的是培养一种与 AI 沟通、协作、共同创造的能力。掌握提示词的技巧，你将能获得更高质量的 AI 输出，解锁 AI 的高级功能，大幅提升工作效率，并在 AI 时代保持核心竞争力，更深入地理解 AI 的工作原理。因此，无论你身处哪个行业，学习提示词都是一项非常有价值的投资，它将为你打开 AI 应用的大门，让你在未来的智能化浪潮中如鱼得水，事半功倍。

头脑风暴：

① 提示词就像一位舞蹈老师，通过精准的指令让 AI 完成优美的舞步。不同的是，AI 能同时学会数百种舞蹈，而关键在于我们如何引导它跳出最完美的那一支。

② 提示词技巧就像调酒师的配方，相同的基础原料，不同的配比和顺序，会碰撞出截然不同的味道。掌握提示词技巧，就是掌握了调配 AI 输出的艺术。

③ 如果将 AI 比作一座金矿，那么提示词就是开采工具。普通的铲子只能挖到表层的金沙，而精心打磨的专业工具却能触及深层的金脉。

④ 提示词是通向 AI 思维的一把钥匙，但更像是一把变形金刚钥匙——它需要根据不同的"门锁"（任务）调整形状，才能完美契合。

⑤ 学习提示词就像学习一门新的乐器，从简单的单音符到复杂的交响乐，每一步的进阶都会带来能力的质变。

关键启发：

提示词不仅是一种工具，更是人类智慧与 AI 之间的"思维桥梁"，掌握它就像达到了一种新的认知维度，让我们能将人类的创造力以最优化的方式转化为 AI 的执行力。

2. 如何写出高质量的提示词？

在 AI 的浪潮中，我们与 AI 的每一次对话，都像是在谱写一首交响曲。而我们手中的笔，就是那至关重要的"提示词"（Prompt）。一个精心打造的提示词，如同乐谱上的精准音符，能引导 AI 这位才华横溢的"乐手"，演奏出我们心中所想的华美乐章。反之，一个含糊不清的提示词，则可能导致 AI "跑调"，最终的输出也可能与我们的期望大相径庭。那么，究竟如何才能写出高质量的提示词，让 AI 真正成为我们得心应手的智能助手呢？让我们一同揭开高质量提示词的神秘面纱，掌握其中的奥秘。

在探讨如何写出高质量提示词之前，让我们先来了解提示词的基本形式。就像音乐有不同的曲式，提示词也有其独特的表达方式。图 3-2 是几种常见的提示词形式。

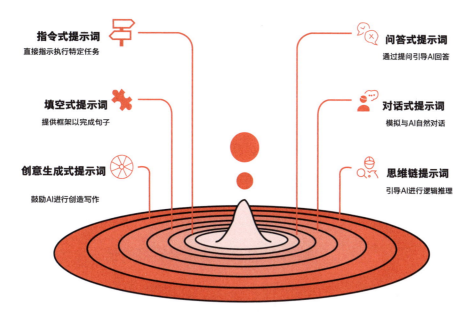

图 3-2

◎指令式提示词是最直接的形式,就像指挥家挥动指挥棒,明确地告诉 AI 要做什么。例如:"写一篇关于气候变化的短文"。这种形式简单直接,适合明确的任务需求。

◎问答式提示词如同师生间的互动,通过提问引导 AI 思考和回答。例如:"什么是 AI?"这种形式特别适合获取知识和解答疑问。

◎填空式提示词类似完成句子的练习,提供一个框架让 AI 填充。例如:"我最喜欢的动物是 ____,因为 ____"。这种形式有助于获得结构化的回答。

◎对话式提示词模拟自然对话的方式,与 AI 进行多轮交互。例如:"你好,能跟我聊聊今天的天气吗?"这种形式更接近人类的日常交流。

◎创意生成式提示词给予 AI 更大的创作空间,鼓励其发挥创意。例如:"写一首描绘未来世界的诗。"这种形式特别适合创意写作和艺术创作。

◎思维链提示词通过"让我们一步步思考"的方式,引导 AI 进行逻辑推理。这种方式特别适合解决复杂问题,确保推理过程的清晰和准确。

想要写出高质量的提示词,如同建造一座坚固的大厦,需要我们打牢根基,明确几个核心要素。这就像是建筑师在动工前,必须先明确建筑的目标、地基的稳固程度,以及最终的设计图纸。

首先,如同射箭要瞄准靶心,撰写提示词的第一步,就是要拥有一个清晰的目标。你需要明确地知道,你希望 AI 帮你完成什么,你的最终目的是什么。目标越清晰、越具体、越可衡量,AI 就越能理解你的意图,并给出更精准的答案。例如,如果你只是笼统地说"写一篇营销文案",这就像是告诉 AI "随便画一幅画",结果很可能千篇一律,缺乏针对性。

但如果你将目标具体化,例如"为新款 [产品名称] 撰写一篇 200 字左右的小红书种草文案,目标是提高产品点击率 10%",AI 就能更清晰地理解你的需求,并围绕着提高点击率这个核心目标,创作出更具营销价值的文案,如图 3-3 所示。

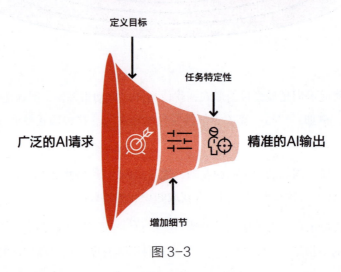

图 3-3

在职场中,这种清晰的目标设定尤为重要。与其模糊地说"分析一下竞争对手",不如明确指出"分析 3 个主要竞争对手(竞争对手 A、B、C)的最新产品发布会(提供链接),重点关注它们的产品定位、营销策略和用户评价,并总结它们的 3 个主要优势和 3 个主要劣势,输出一个对比表格。"这样一来,AI 就能像一位专业的市场分析师那样,为你提供一份条理清晰、数据翔实的竞争对手分析报告。

有了清晰的目标,接下来就需要为 AI 提供充分的背景信息,如图 3-4 所示。这就像是为画家提供创作素材,背景信息越丰富、越相关,画家就越能创作出栩栩如生的作品。你要思考 AI 需要哪些背景信息,才能更好地理解你的需求。这些背景信息,必须与你的任务直接相关，避免无关信息干扰 AI 的判断。背景信息越详尽，AI 就越能理解任务的来龙去脉。

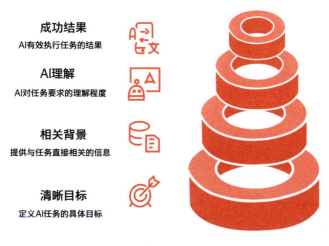

图 3-4

例如，你需要告诉 AI：你的内容是给谁看的；你的目标受众的特点、需求、痛点是什么；你要推广的产品或服务是什么；它的核心卖点、优势、适用场景又是什么。如果任务涉及特定的行业或领域知识，你还需要提供必要的专业术语或背景资料。此外，你还需要明确告诉 AI，你期望它使用什么样的风格和语气，例如，正式、非正式、幽默、专业，等等。

在职场场景中，提供充分的背景信息同样至关重要。如果你只是简单地说"写一封邮件回复客户"，AI 很可能不知所措，因为它不知道客户是谁，邮件内容是什么，以及你希望如何回复。但如果你提供更详细的背景信息："请回复以下客户邮件（附上客户邮件原文）。客户 [客户姓名] 询问关于我们 [产品名称] 的 [具体问题]，客户是我们的 [客户类型]（例如 VIP 客户）。回复邮件的目的是 [回复目的，例如解决客户问题，维护客户关系]。邮件语气要 [邮件语气，例如专业、礼貌、热情]，回复要点包括 [回复要点 1、要点 2、要点 3]"，AI 就能像一位资深的客户服务专员，为你撰写一封专业、得体的回复邮件。

除了清晰的目标和充分的背景信息，明确的输出要求也是高质量提示词不可或缺的一部分。这就像是设计师在绘制蓝图时，必须明确建筑的最终形态，包括建筑类型、结构、风格，等等。你需要清晰地告诉 AI，你期望它输出什么类型的内容；最终的呈现形式是什么；你需要明确指定期望的输出格式，例如，文章、报告、邮件、代码、摘要、列表、表格,等等。你还需要考虑输出内容的结构化程度,例如,是否需要分段落、分标题,使用项目符号、编号列表,等等。此外,长度限制也是一个重要的考量因素,你需要指定字数、段落数、篇幅等限制。更重要的是,你需要对输出内容本身提出具体要求,例如,要求包含或排除某些关键词,再次强调输出内容的风格和语气,以及要求输出内容侧重于哪些方面,例如,侧重于产品优势、侧重于用户痛点、侧重于解决方案,等等。

在职场场景中,明确的输出要求能帮助 AI 更好地满足你的工作需求。如果你只是含糊地说"总结一下这份报告",AI 可能不知道你需要什么类型的总结,以及深入到什么程度。但如果你提出明确的输出要求:"请总结这份[报告名称]报告(附上报告原文)的核心观点。输出要求:总结要点控制在 5 个以内,每个要点不超过 50 字。输出格式为编号列表。总结内容要重点突出报告的[核心发现 1、核心发现 2、发现核心 3],语言要简洁明了,面向[目标读者,例如公司管理层]",AI 就能像一位高效的文秘,为你提供一份结构化、精炼的报告核心要点总结。

掌握了以上核心要素,我们还需要学习一些核心技巧,如同武林高手修炼内功心法,这些技巧能帮助我们更上一层楼,写出更高质量的提示词,如图 3-5 所示。

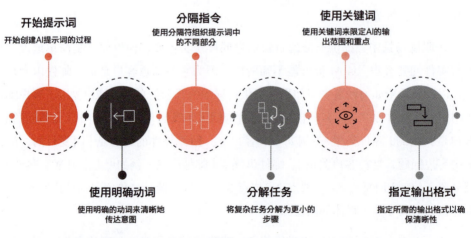

图 3-5

比如以下这几个例子:

首先是指令清晰化技巧。如同将军指挥千军万马,指令必须清晰明确,才能确保行动的统一和高效。在撰写提示词时，我们可以使用明确的动词开头，例如，"写一篇……""总结……""翻译……""创建一个……""分析……""比较……""解释……""设计……"等等，让 AI 立即明白你的意图。对于包含多项指令或背景信息的提示词，可以使用分隔符（例如，---，***，标题，编号列表）清晰地分隔不同的部分，方便 AI 理解。

对于复杂任务，可以将其分解为更小的步骤，并用编号或步骤指示词（例如，"第一步……""第二步……""接下来……"）引导 AI 逐步完成。这尤其适用于 DeepSeek-R1 推理模型。

此外，还可以使用关键词明确限定 AI 的输出范围和重点，例如，"重点关注……""主要突出……""侧重于……""避免提及……"等。最后，不要忘记使用格式指令，明确指定输出格式，例如，"以表格形式输出……""使用项目符号列表……""输出为 Markdown 格式……""代码需要包含注释……"等等。

1. 写作类指令示例： "写一篇 800 字的科技博客文章，主题是 AI 在医疗领域的应用。文章需要包含 3 个具体案例，每个案例需要说明应用场景和实际效果。使用通俗易懂的语言，避免过多专业术语。文章结构分为：引言、主要内容（3 个案例）和总结。"

2. 分析类指令示例：

> "分析过去 3 个月的销售数据（附件链接），重点关注：
> 第一步：计算各产品线的销售增长率。
> 第二步：找出表现最好和最差的 3 个产品。
> 第三步：分析影响销售的关键因素。
> 请以表格形式呈现数据分析结果，并在表格下方添加 300 字的分析总结。"

> （分隔符示例）
> ---

```
背景信息：
[ 项目背景和目标 ]
***
任务要求：
1. [ 具体任务 1]
2. [ 具体任务 2]
===
输出格式：
- 格式要求 1
- 格式要求 2
```

3. 代码审查指令示例：

```
审查以下 Python 代码（代码片段），重点检查：
- 代码性能优化空间
- 潜在的安全漏洞
- 代码可读性
请提供详细的改进建议，并给出优化后的代码示例。所有代码必须包含注释。
```

其次，是角色扮演与人设技巧，如图 3-6 所示。如同演员入戏，赋予 AI 特定的角色和人设，能让其更好地理解任务的背景和语境，从而产生更符合期望的输出。你可以使用"扮演……""假设你是一位……""你现在是……"等句式，清晰地设定 AI 的角色。

为了让角色更加鲜活，你还可以在角色设定中，加入角色的专业领域、经验水平、风格偏好、目标受众等特征。例如，"扮演一位拥有十年经验的资深市场营销专家，擅长创意文案，目标受众是年轻时尚女性……"在提示词中，你还可以引导 AI 从设定的角色视角出发思考和输出内容，例如，"作为一位 [角色]，你会如何分析……？""请从 [角色] 的角度，给 [目标受众] 提一些建议……"

AI角色扮演技巧

图 3-6

表 3-1 是一些典型行业和场景中常用的角色人设示例。

表 3-1

行业 / 场景	角色人设示例
教育培训	一位有 20 年教学经验的高中数学老师，擅长将复杂概念简单化
医疗健康	一位专注于心理健康的资深咨询师，具有 10 年临床经验和 CBT 认证
金融投资	一位在华尔街工作 15 年的投资分析师，专注于科技股研究
法律咨询	一位专门处理知识产权案件的资深律师，有丰富的科技公司法务经验
内容创作	一位获得过多个文学奖项的科幻小说作家，擅长世界观构建
产品设计	一位专注用户体验的产品经理，参与过多个独角兽公司的产品设计
市场营销	一位精通社交媒体营销的数字营销专家，擅长短视频内容策划
客户服务	一位拥有丰富奢侈品行业经验的 VIP 客户经理，擅长高端客户维护

再者，迭代优化与反馈技巧也是提升提示词质量的关键，如图 3-7 所示。如同雕琢玉器，需要反复打磨，才能使其完美无瑕。不要期望一次性写出完美的提示词，而应该先写一个基础版本，然后根据 AI 的输出结果，不断迭代优化提示词。

当 AI 的输出不符合预期时，要提供具体、明确的反馈，指出哪里需要改进，例如，"内容太笼统，请更具体一些""语气不够专业，请更正式一些""格式不符合要求，请输出为表格形式"等。

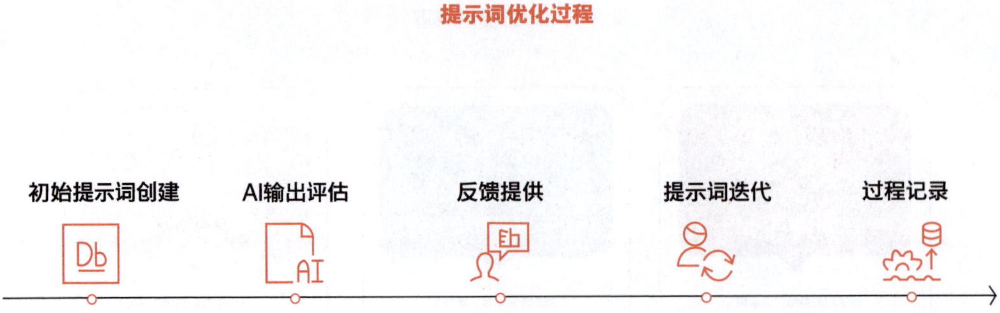

提示词优化过程

初始提示词创建 → AI输出评估 → 反馈提供 → 提示词迭代 → 过程记录

图 3-7

避免笼统的反馈，例如"不好""不对""重写"等。你可以将提示词优化融入到多轮对话中，在对话过程中不断调整和完善提示词，逐步引导 AI 达到最佳输出效果。在每次迭代优化提示词后，记录改进之处和效果，总结经验，形成自己的提示词优化技巧库。

表 3-2 是一些常用的迭代反馈话术示例。

表 3-2

反馈类型	反馈话术示例
内容深度	- 这个观点需要更深入地分析，请从 xx 角度展开 - 能否提供更多具体的数据或案例支持？
表达方式	- 用词过于口语化，请使用更专业的表述 - 段落结构不够清晰，建议重新组织
格式规范	- 请按照标准学术格式重新排版 - 需要添加小标题和段落编号
逻辑完整性	- 论述过程中缺少关键步骤，请补充 xx 部分 - 结论与前文存在矛盾，请调整
目标相关性	- 部分内容偏离主题，请聚焦在 xx 方面 - 未完全回答问题要点，请补充 xx
可读性	- 专业术语过多，请用更通俗的语言解释 - 句子过长，建议拆分为简短句
准确性	- xx 数据或说法可能有误，请核实后修改 - 这个结论缺乏依据，请补充支持论据

最后，还有一些高级提示技巧，如同武林秘籍，掌握之后能让你的提示词功力更上一层楼：

1. **思维链（Chain-of-Thought, CoT）提示**：可以引导 AI 逐步推理，展现思考过程，尤其适用于 DeepSeek-R1 推理模型，如图 3-8 所示。你可以使用"一步一步思考……""解释你的推理……""分解步骤……"等指令。

思维链提示

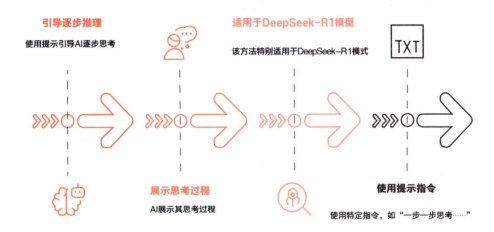

图 3-8

 示例：

```
请分析这个数学问题，并展示你的思考过程：
1. 首先，让我们理解问题的关键信息……
2. 接下来，我们可以采用以下方法解决……
3. 最后，让我们验证答案的合理性……
```

2. **少样本学习（Few-Shot Learning）**：可以在提示词中提供少量范例（输入-输出对），让 AI 从范例中学习风格、格式或内容特征，适用于模仿特定风格或格式的场景，如图 3-9 所示。

少样本学习

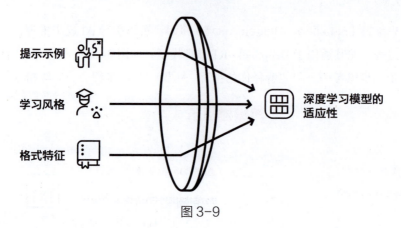

图 3-9

 示例:

请按照以下格式撰写产品描述:

输入:iPhone 14 Pro

输出:突破性的创新设计,卓越的性能表现。搭载 A16 仿生芯片,4800 万像素主摄像头提供专业级拍摄体验。

输入:MacBook Air

输出:轻薄优雅的便携之选,出众的续航能力。M2 芯片带来强劲性能,视网膜显示屏呈现绚丽画面。

现在,请为以下产品撰写描述:

输入:iPad Pro……

3. **约束性提示(Constraint-Based Prompting)**:可以利用约束条件(字数、关键词、风格、格式等)精确控制 AI 的输出,确保其符合特定要求,如图 3-10 所示。

第 3 章　DeepSeek 实战：掌握智能应用之道

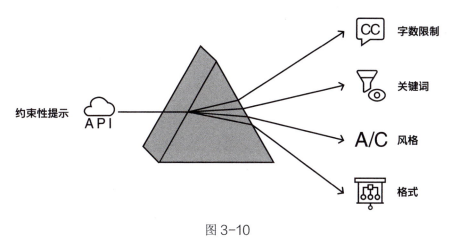

图 3-10

 示例：

请写一篇产品推广文案，要求：

- 字数限制在 100 字以内

- 必须包含关键词：创新、智能、便携

- 使用专业但不晦涩的语言

- 结构为：痛点 – 解决方案 – 产品优势

- 以号召性用语结尾

　　写出高质量的提示词绝非一日之功，而是一个持续实践、不断迭代、精益求精的过程。只有通过大量的练习，才能真正掌握各种提示词技巧，并形成自己的提示词"语感"。你需要不断尝试用 DeepSeek 完成各种不同的任务，积累经验，学习和借鉴优秀的提示词案例，关注 AI 模型更新和发展，并建立个人提示词库。相信通过不断地学习和实践，你也能写出质量越来越高的提示词，让 DeepSeek 成为你职场上的得力助手。

3. 什么是提示词工程？

　　在 AI 的浪潮中，我们与 AI 的互动方式正经历着一场深刻的变革。过去，我们依赖程序员编写复杂的代码来驾驭计算机；而现在，一种更直观、更人性化的技能正在崛起，它就是"提示词工程"（Prompt Engineering）。你可以将提示词工程理解为一门新兴的"AI沟通术"，它教我们如何像一位高明的"驯兽师"那样，用巧妙的"语言鞭"，引导AI这匹智能骏马朝着我们期望的方向奔跑。

那么，什么是提示词工程呢？简单来说，它是一门专注于设计、优化和应用有效提示词的学问。它的核心目标，就是提升AI输出的质量和效率。通过精妙的提示词设计，我们可以引导AI生成更精准、更相关、更有价值的内容，就像一位优秀的指挥家，能通过指挥棒引导乐队演奏出美妙的乐章。高质量的提示词，还能减少AI的"试错"次数，缩短迭代时间，提高内容生产效率，避免因指令不清而导致AI"答非所问"，浪费时间和资源。更重要的是，提示词工程旨在更精准地控制AI的行为和输出，让AI能像一位训练有素的助手，按照我们的意图，完成特定的任务，实现特定的目标。

提示词工程，本质上是与AI进行有效沟通的艺术和科学。它既有艺术性，又具备科学性。说它是艺术，是因为提示词的设计需要创造力、想象力和语言表达能力。如同撰写文案或发布指令，我们需要考虑目标受众（AI模型）、表达方式，以及如何才能更有效地"说服"AI按照我们的想法工作。说它是科学，是因为提示词工程也包含科学的成分。它涉及对AI模型工作原理的理解，对不同提示词策略效果的实验和分析，以及对最佳实践的总结和归纳。更重要的是，提示词工程是一个迭代优化的过程，如图3-11所示。

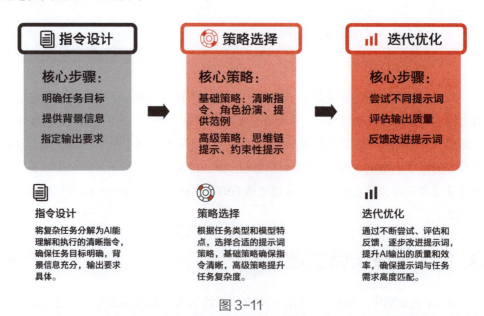

图 3-11

要掌握提示词工程，需要掌握几项核心技能。首先是指令设计，这是提示词工程的基础，核心在于如何将复杂的任务分解为 AI 能理解和执行的清晰指令。这包括明确任务目标、提供必要的背景信息，以及指定输出要求。其次是策略选择，不同的任务和 AI 模型，需要采用不同的提示词策略。我们需要根据任务类型和模型特点，选择合适的提示词策略，例如基础策略（清晰指令、角色扮演、提供范例等）和高级策略（思维链提示、约束性提示等）。最后是迭代优化，这是提升提示词质量的关键环节。我们需要通过不断地尝试、评估和反馈，逐步改进提示词，提升 AI 输出的质量和效率。

提示词工程并非程序员或技术专家的专属技能，它面向所有需要与 AI 协同工作的人。它能赋能各行各业，提升各行业的生产力、创新力和智能化水平，并推动 AI 技术的普及和发展。

我们可以用一些形象的比喻来理解提示词工程。它就像厨师与食材的关系，食材（AI 模型）固然重要，但厨师（提示词工程师）的烹饪技巧（Prompting 技巧）决定了最终菜肴（AI 输出）的美味程度和价值。它又像指挥家与乐队的关系，乐队（AI 模型）具备演奏能力，但指挥家（提示词工程师）通过指挥棒（Prompt）来引导乐队演奏出美妙的乐章。更形象地说，提示词工程就像魔法师与咒语的关系，AI 模型如同拥有魔法的精灵，而提示词就是魔法师念出的咒语，不同的咒语（Prompt）可以释放出不同的魔法（AI 功能）。

总而言之，提示词工程不仅是"写提示词"那么简单，而且是一门融合了艺术与科学的系统性学科和技能。它旨在帮助我们更有效地与 AI 沟通，更精准地控制 AI 行为，更高效地利用 AI 能力，最终实现提升 AI 输出质量和效率的目标。在 AI 时代，掌握提示词工程就如同掌握了一把开启未来之门的钥匙，让你在智能化浪潮中占据先机，创造更大的价值！学习提示词工程，不仅仅是学习技术，更是学习一种与 AI 共舞、驾驭未来的能力。

头脑风暴：

① **提示词就像 AI 的眼镜**：不同的镜片会让 AI 看到不同视角下的世界，决定了它如何理解和处理信息。

② **提示词工程师是 AI 世界的翻译官**：将人类意图转译成 AI 可以理解和执行的"机器语言"。

③ 提示词像是给 AI 设定的 GPS 导航：精准的路线指引能让 AI 更快到达目的地，错误的指令则会让它迷失方向。

④ 提示词工程是 AI 时代的"说服艺术"：不是命令和控制，而是巧妙引导和启发。

⑤ 提示词和 AI 像是钥匙和锁的关系：找到正确的提示词组合，就能打开 AI 能力的宝库。

⑥ 提示词工程师是 AI 乐团的作曲家：通过精心编排的"乐谱"（提示词）来创造和谐的 AI 输出。

⑦ 提示词是 AI 的"营养配方"：优质的输入决定卓越的输出。

关键启发：

提示词工程本质上是一门"意图转化艺术"，它将抽象的人类思维转化为结构化的 AI 指令，是连接人类创造力和 AI 能力的桥梁。

4. DeepSeek-R1 推理模型是否还需要提示词工程呢？

很多人可能有这样一个误解：认为像 DeepSeek-R1 这样先进的推理模型已经足够智能，只要随便给它一个简单的提示，它就能自动理解我们的意图，给出完美的答案。但事实并非如此！即使是 DeepSeek-R1 这样的顶尖 AI 系统，也离不开精心设计的提示词。只不过，针对推理模型的提示词工程，在侧重点和技巧上与面向通用模型的提示词工程有所不同罢了。

我们不妨先来看看，为什么会产生"DeepSeek-R1 不需要提示词工程"这样的误解。根源其实在于对"简单提示词"的理解存在偏差。很多推理模型使用建议里提到"推理模型用直截了当的提示词表现最佳"以及"避免使用思维链提示词"，很容易让人产生这样的印象：哦，原来 DeepSeek-R1 只需要一些非常简单、随意的提示词就可以了，不用费什么心思。

但请注意，这里"直截了当的提示词"和"简单提示词"指的是提示词的风格和结构，而不是质量或设计的重要性。"简单"绝不等同于"随意"或"敷衍"。事实上，对 DeepSeek-R1 这样的推理模型来说，"简单提示词"更强调以下几点：

1. **指令的直接性**：提示词要直接、清晰地表达你的需求和目标，避免拐弯抹角或使用过于复杂的句式。
2. **信息的聚焦性**：提示词要聚焦于任务的核心要素，避免添加不必要的干扰信息或限制条件。
3. **对模型内部推理能力的信任**：要相信推理模型自身具备强大的推理能力，不需要在提示词中事无巨细地指导其推理过程。

提示词的特点、推荐写法和不推荐写法见表3-3。

表 3-3

提示词特点	不推荐的写法	推荐的写法
指令直接性	如果可以的话，我想请你帮忙看看这段代码是否存在什么问题，如果方便的话可以给出一些改进建议	分析这段代码的问题并提供改进建议
信息聚焦性	我是一名产品经理，最近在负责一个新项目，团队有5个人，我们想做一个面向年轻人的社交App，想听听你对产品定位的看法	为面向年轻人的社交App制定产品定位策略
信任推理能力	首先分析用户需求，然后进行市场调研，接着制定营销策略，最后预估投资回报率。请按照这些步骤帮我评估这个商业计划	评估这个商业计划的可行性

那么，为什么尽管DeepSeek-R1擅长推理，但仍然需要提示词工程呢？道理很简单，再智能的AI模型也不是万能的。它们同样需要清晰的指令和必要的信息，才能高效地完成任务。具体来说，提示词工程之所以对DeepSeek-R1至关重要，主要基于以下几点考虑：

1. **明确任务目标**：再厉害的AI模型，如果连你要它做什么都不清楚，又怎么可能给出满意的结果呢？所以，即使面对DeepSeek-R1这样的推理能手，提示词也必须明确定义任务的目标、范围和期望的输出。举个例子，如果你想要DeepSeek-R1帮你分析一份市场报告，就需要在提示词中具体说明分析哪份报告、分析的重点是什么、希望得到什么样的洞见和建议等，如表3-4所示。一个好的任务定义是DeepSeek-R1发挥实力的基础。

表 3-4

任务目标定义	不推荐的写法	推荐的写法
市场分析	帮我看看这份市场报告	分析 2023 年 Q4 电商行业报告，重点关注用户增长趋势和竞品策略，给出未来 6 个月的市场机会
代码审查	这段代码有什么问题	审查这段支付系统代码，检查安全漏洞和性能瓶颈，提供具体的优化建议
内容创作	写一篇关于 AI 的文章	撰写一篇 2000 字的 AI 发展趋势文章，聚焦生成式 AI 在企业的应用场景，包含实际案例和数据支持

2. 提供必要的背景信息：推理从来都不是凭空想象，而是要基于充足的信息和数据。DeepSeek-R1 的推理能力固然强大，但如果背景信息不足，拥有再强的能力也是巧妇难为无米之炊。因此，优质的提示词，需要尽可能全面地提供 DeepSeek-R1 完成任务所需的各种背景材料，包括相关的原始文件、数据资料、行业知识、特定规则等，如表 3-5 所示。有了这些必不可少的"食材"，DeepSeek-R1 才能通过自己独特的"烹饪技巧"，创造出"色香味俱全"的推理大餐。

表 3-5

任务类型	不足的背景信息	充分的背景信息
产品分析	分析这款产品的市场前景	分析这款产品的市场前景。产品定位：高端智能手表；目标人群：25~40 岁白领；当前市场份额：3%；主要竞品数据和用户反馈见附件
财务建议	如何优化公司财务状况	如何优化公司财务状况。现有数据：过去 3 年财报、现金流报表、资产负债表，行业平均利润率 15%，我们目前为 8%，主要成本构成见附件
技术方案	设计一个支付系统	设计一个支付系统。需求：日交易量 10 万笔，峰值 QPS 1000，需支持微信 / 支付宝 / 银行卡，安全等级要求 PCI DSS，现有技术架构和资源配置见附件

3. 设定适当的约束条件：虽然 DeepSeek-R1 更擅长开放性的任务，但在某些情

况下，适当地为其设定一些约束条件，反而有助于引导其推理方向，确保输出结果切合实际需求，如表3-6所示。常见的约束条件包括时间限制、预算限额、特定的行文风格等。打个比方，假设你委托DeepSeek-R1为公司设计一套营销方案。如果在提示词中明确指出"整个方案的预算不能超过10万元"，DeepSeek-R1就会在推理过程中自动将这一条件纳入考量，从而设计出更有针对性、更切实可行的营销策略。

表 3-6

任务类型	无约束条件的提示词	有约束条件的提示词
营销方案	设计一套新产品营销方案	设计一套预算10万元以内、为期3个月的新产品营销方案，主要面向25~35岁的年轻白领
内容创作	写一篇关于AI的文章	写一篇2000字的AI科普文章，使用通俗易懂的语言，面向高中生读者群体
技术方案	设计一个电商系统	设计一个支持日订单量5000笔、响应时间不超过100ms、预算50万元的电商系统方案

迭代优化：一个完美的提示词不太可能一蹴而就。即使面对DeepSeek-R1这样智能的模型，我们提供的初始提示词也难免存在一些缺陷和不足，或者没能充分激发其潜力。通过迭代式的提示词优化，根据DeepSeek-R1的输出结果动态调整提示内容，往往能极大提升推理质量。就像一位雕塑大师，在创作过程中反复打磨、修正自己的作品，直至臻于完美。优秀的提示词工程师，也要学会在实践中不断提炼、改进自己的提示词。

提示词工程对DeepSeek-R1来说依然不可或缺。但与通用模型相比，DeepSeek-R1的提示词工程确实在一些细节上有所侧重，主要体现在以下几个方面：

1. **更简洁，更聚焦：** 不同于通用模型动辄需要冗长的指令和繁复的思维链提示词，DeepSeek-R1的提示词可以更简洁、更聚焦。与其事无巨细地规定每一步怎么做，不如给DeepSeek-R1一个清晰的总目标，让它发挥自己的智慧去规划。对DeepSeek-R1来说，一两句话描述清楚任务的关键点，胜过一大段的步骤分解。

2. **多给"食材",少端"成品"**:与其在提示词里面把分析方法、建议方案一股脑儿都告诉 DeepSeek-R1,还不如给它更多的原始"食材"让它自己去"烹饪"。相比直接告诉它"用 SWOT 模型分析市场",更有效的提示可能是这样:"我需要你扮演一位市场分析师的角色,根据这份市场研究报告(内容见附件),找出我们的产品在当前市场环境下的优劣势,并提出几条可行的应对措施。"注意,重点在于给它必要的信息(市场报告),描述清楚目标(分析产品优劣势、制定应对策略),而分析方法的选择则交给 DeepSeek-R1 自己去决定。

3. **少"画饼",多"切蛋糕"**:所谓"画饼",就是完全不考虑现实条件,信口开河地提一些不切实际的要求;"切蛋糕"则是根据实际情况,提出一些可行性强、有针对性的任务目标。对 DeepSeek-R1 来说,与其让它凭空想象,不如通过一些具体的约束条件(比如时间、预算等),引导它产生更"接地气"的推理结果。比如,与其问它"未来 10 年内 AI 会怎样改变世界",不如问它"假设你是一家 AI 公司的 CEO,在现有技术和资金条件下,未来 3 年你会制定怎样的发展规划"。

4. **学会倾听,善于互动**:再智能的 AI 模型,也难免偶尔"犯二",产生一些莫名其妙的输出。面对 DeepSeek-R1 也是一样,提示词工程绝不是一蹴而就的。我们要学会倾听 DeepSeek-R1 的"心声",仔细研究它的输出内容,找出提示词可以改进的地方。有时候,几轮迭代优化下来,一个初始并不完美的提示词,也能激发出 DeepSeek-R1 惊人的智慧火花。记住,对话式的交互、不断地反馈和优化,是发挥 DeepSeek-R1 威力的"秘诀"。

DeepSeek-R1 虽然代表了推理模型的最高水准,但提示词工程对它而言仍然必不可少。只不过,针对 DeepSeek-R1 的提示词设计,要更简洁、更聚焦、更注重信息输入、更贴近实际约束、更强调互动优化。一句话,"内容"重于"形式","互动"胜于"独白"。

5. 如何用好提示词框架?

"提示词框架"这个看似有点儿高深的术语,对我们日常使用 AI 工具有着重要的指导意义。如果你想成为一名 AI 提示词设计高手,掌握提示词框架的精髓绝对是一条必经之路。那么,到底什么是提示词框架?

第 3 章　DeepSeek 实战：掌握智能应用之道

可以把提示词框架比作一份设计蓝图或者一张操作地图。就像建筑师盖房子需要图纸、厨师做菜需要菜谱一样，我们在使用 DeepSeek 时，也需要一份"说明书"来指导我们如何有效地与 AI 沟通，这份"说明书"就是提示词框架。

提示词框架为我们提供了一个系统化的思考模式和设计流程，告诉我们在撰写提示词时需要考虑哪些关键要素，如何有条理地组织这些要素，从而构建出一个结构完整、逻辑清晰的提示词。有了提示词框架的指引，我们就能避免漏掉重要信息，减少表达歧义，从而大大提升与 AI 沟通的效率和质量。

举个例子，假设你想请 DeepSeek 帮你写一篇介绍家乡特产的文章。没有框架指导的话，你可能会很随意地给 DeepSeek 一个简单的指令，比如"帮我写一篇关于我家乡特产的文章"。但是，如果你掌握了提示词框架的方法，你会从以下几个角度来设计你的提示词：

- ◎ **任务目标**：明确告诉 DeepSeek 你的写作目的是什么，比如"介绍我家乡的特色美食，吸引更多的游客前来品尝"。

- ◎ **背景信息**：提供一些关于你家乡特产的背景资料，如特产名称、原材料、制作工艺、历史渊源等，让 AI 对写作主题有更全面的了解。

- ◎ **目标受众**：指出你的文章面向的读者群体是谁，他们的特点和需求是什么，这样 AI 就能根据受众的口味来调整行文风格。

- ◎ **写作风格**：说明你希望文章的基调是什么样的，是严肃的科普文，还是轻松的美食评论，抑或是充满乡土气息的散文等。

- ◎ **格式要求**：对文章的字数、段落结构、是否需要配图等细节提出明确要求。

- ◎ **参考示例**：如果可能的话，提供一两篇你喜欢的同类文章作为写作参考，方便 AI 理解和模仿你想要的效果。

像这样把提示词的各个关键要素都考虑到位，DeepSeek 收到的指令就会非常明确、具体，它也能更精准地理解你的意图，写出令你满意的文章。而这套从任务到格式的思考过程，就是一个简单的提示词框架。

让我们来看几个经典的提示词框架，它们各有特色，可以根据不同场景灵活运用。

1. TASTE 框架（任务 – 受众 – 结构 – 语气 – 示例，如图 3-12 所示）

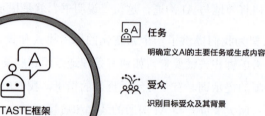

图 3-12

◎ 框架组成（英文首字母缩写 TASTE）：

- Task（任务）：明确定义 AI 的主要任务或生成内容。你要让 AI 做什么？例如，"写一篇博客文章""总结一份报告""翻译一段文本"等。这是提示词的核心。

- Audience（受众）：明确说明目标受众。你的内容是给谁看的？他们的背景、知识水平、需求、兴趣是什么？例如，"面向普通互联网用户""面向专业人士""面向高中生"等。受众决定了内容的风格和表达方式。

- Structure（结构）：为输出的内容提供明确的组织结构。你期望 AI 输出的内容是什么结构？例如，"文章需要有明确的开头、中间讨论和结尾""报告需要包含摘要、引言、方法、结果和讨论部分"等。合理的结构让内容更有条理，更易于理解。

- Tone（语气）：指定 AI 回答时的语气或风格。你希望 AI 用什么样的语气和风格来回应？例如，"采用友好、易懂的语气""采用专业、客观的语气""采用幽默、风趣的语气"等。语气影响内容的表达效果和情感色彩。

- Example(示例):提供例子或模板可帮助 AI 理解输出风格或格式。提供一些你期望的输出示例,帮助 AI 更直观地理解你的要求。例如,"类似于 [XX 风格] 的文章""参考 [范例文案] 的格式"等。

◎ 框架优势:

- 简单易懂,易于上手:TASTE 框架结构清晰,要素明确,非常适合初学者快速掌握。

- 覆盖提示词核心要素:涵盖了提示词设计核心的几个要素,确保完整性和有效性。

- 适用于多种任务类型:可以应用于文本生成、信息提取、代码生成等各种任务。

◎ 使用示例:

请帮我写一篇关于 AI 在教育领域应用的文章(Task)。这篇文章面向对 AI 感兴趣但没有技术背景的中学教师(Audience)。文章需要包含引言、三个主要应用场景、未来展望和总结五个部分,每个部分 500 字左右(Structure)。请使用平易近人、富有启发性的语气(Tone),可以参考《中国教育报》的科技专栏文章风格(Example)。

2. ALIGN 框架(目标 – 级别 – 输入 – 指南 – 新颖性,如图 3-13 所示)

图 3-13

◎框架组成（英文首字母缩写 ALIGN）：

- Aim（目标）：明确任务的最终目标。你希望通过这个提示词最终达到什么目的？例如，"创建一个引人入胜的故事""解决一个复杂的数学问题"等。

- Level（级别）：定义输出的难度级别。你期望 AI 输出的内容达到什么难度级别？例如，"适合小学生理解的难度""达到专业研究水平的难度"等。

- Input（输入）：指定需要处理的输入数据或信息。AI 需要哪些输入信息才能完成任务？例如，"使用这份数据文件进行分析""基于当前市场情况进行预测"等。

- Guidelines（指导原则）：提供在执行任务时应该遵循的规则或约束。例如，"文章应使用简洁明了的语言""代码需要符合特定编程规范"等。

- Novelty（新颖性）：明确是否需要原创或创新的内容。你是否期望 AI 输出具有原创性？例如，"鼓励提出新的观点""允许引用相关研究成果"等。

◎框架优势：

- 更侧重于目标和难度控制：有助于用户更精准地控制 AI 的输出质量和水平。

- 强调输入和指导原则：确保 AI 在正确的方向上工作。

- 关注创新性：鼓励用户引导 AI 生成更具创新性和突破性的内容。

◎使用示例：

请帮我分析一家科技公司的财务状况（Aim：进行财务分析）。分析深度需要达到专业投资者水平（Level：专业级别）。我会提供该公司过去 3 年的财务报表数据作为基础（Input：财务报表）。分析需要遵循标准的财务分析框架，包括盈利能力、偿债能力和运营效率三个维度，并使用相关财务指标支持结论（Guidelines：分析框架和指标要求）。希望能在分析中加入对未来发展趋势的预测，并提出独特的投资见解（Novelty：原创性分析和预测）。

3. RTGO框架（角色－任务－目标－操作要求，如图3-14所示）

图3-14

◎ 框架组成（英文首字母缩写RTGO）：

- Role（角色）：定义AI的角色。赋予AI一个特定的身份，例如，"经验丰富的数据分析师""资深营销专家"等。

- Task（任务）：具体任务描述。明确告诉AI你要它做什么，任务描述要尽可能具体、清晰、可操作。

- Goal（目标）：期望达成什么目标效果。例如，"通过该文案吸引潜在客户""通过该报告为决策者提供支持"等。

- Objective（操作要求）：具体操作要求。对AI的输出提出更具体的要求，如字数、结构、风格等。

◎ 框架优势：

- 结构清晰，逻辑性强：组织提示词要素的方式清晰易懂。

- 面向任务执行，实用性强：特别适合职场工作场景。

- 角色扮演，专业性强：通过角色设定提高输出的专业性。

◎使用示例：

请你扮演一位资深的社交媒体营销专家（Role：营销专家），帮我为一款新上市的智能手表编写一篇微博推广文案（Task：编写微博文案）。这篇文案的目标是吸引 25~35 岁的年轻白领用户，突出产品的时尚设计和健康监测功能（Goal：吸引目标用户群体）。文案要求 300 字以内，需要包含产品卖点、用户痛点和号召性用语，语气要活泼有趣，并在文末加入 2~3 个相关话题标签（Objective：具体写作要求）。

4. CO-STAR 框架（情境 – 目标 – 风格 – 语气 – 受众 – 回应，如图 3-15 所示）

图 3-15

◎框架组成（英文首字母缩写 CO-STAR）：

- Context（情境）：提供任务相关的背景信息，帮助 AI 更好地理解任务环境。

- Objective（目标）：明确告诉 AI 你希望它做什么。

- Style（风格）：期望的写作风格，如严肃的、有趣的、学术性等。

- Tone（语气）：期望的语气或语调，如幽默的、正式的等。

- Audience（受众）：明确内容的目标受众群体。

- Response（回应）：期望的回应类型，如详细报告、表格、特定格式等。

◎框架优势：

- 要素全面，考虑周全：涵盖了提示词设计的各个方面。

- 强调情境和个性化：有助于生成更贴合实际场景的内容。

- 适用于需要精细化控制输出的场景。

◎使用示例：

我们公司是一家新成立的AI初创企业，即将举办首次产品发布会（Context：初创企业产品发布）。请帮我撰写一份产品发布会的演讲稿（Objective：撰写演讲稿）。演讲稿要体现科技感和创新精神（Style：科技创新风格），语气要充满激情（Tone：富有激情的语气）。演讲对象是投资人和科技媒体记者（Audience：投资人和记者）。演讲稿需要包含开场白、产品介绍、市场前景和结束语四个部分，每部分500字左右，并配有关键数据支持（Response：结构化演讲稿）。

这些框架各有特色，要根据具体需求和场景进行选择。就像选择工具一样，关键是要找到最适合自己的那一个。

在日常使用中，可以多尝试几种框架，并根据反馈来优化和改进，久而久之，你就能找到最适合自己的那一套。你甚至可以将不同框架的要素组合起来，创造出属于自己的"专属框架"。就像厨师们总结自己拿手的菜谱，作家们打磨自己的写作套路一样，优秀的提示词设计师也需要在不断实践中提炼和迭代自己的"独门秘籍"。

总之，提示词框架绝不是一个高高在上的理论、概念，而是一个实实在在的设计工具和思维利器。掌握了它，你就掌握了驾驭AI的钥匙。当你能游刃有余地使用各种框架，那和AI对话的过程就会变得无比流畅、高效，仿佛在跟一个聪明绝顶的助手无障碍沟通。我相信，经过一番练习，你一定能成为提示词设计的"大师"，让AI助力你在工作和生活中释放无限创造力！

头脑风暴：

① 原来AI提示词就像一份"沟通协议"！就像外交官需要遵循外交礼仪一样，我们也需要一套标准化的"AI对话礼仪"。

② 提示词框架犹如一个"调色盘",创建不同的框架组合就像调配不同的色彩,可以创作出具有无限可能的"对话艺术"。

③ 各种框架就像是一个个独特的"镜头视角",TASTE 从感官出发,ALIGN 从目标出发,RTGO 从角色出发,CO-STAR 从场景出发。原来提示词设计也需要"多维视角"!

④ 框架不是教条的规则,而是灵活的工具箱。就像武术高手可以随心所欲地切换招式,熟练掌握框架后也能实现"随心所欲"的 AI 对话。

⑤ 提示词框架其实是一种"思维地图",帮助我们进行系统化、结构化思考。这不仅适用于 AI 对话,也是一种极其实用的思维训练方法!

关键启发:

提示词框架本质上是一种"系统化的思维模式",它不仅是与 AI 对话的工具,更是帮助我们实现清晰、精准、高效沟通的"思维操作系统"。掌握框架就是掌握了一种可以迁移到各种场景的"元能力"。

6. DeepSeek-V3 和 DeepSeek-R1 该如何选择?

如前所述,DeepSeek-V3 和 DeepSeek-R1 虽都出自 DeepSeek 之手,却拥有着截然不同的个性和特长,如同武侠小说中的剑客,一位身手迅捷、剑走轻灵,另一位则沉稳内敛、剑气深沉。那么,面对不同的任务,我们该如何选择这两把"利剑"呢?

不妨将 DeepSeek-V3(以下简称 V3)想象成一位高效务实的"工作主力"。它就像我们日常工作中最信赖的助手,以速度和效率见长。对于那些目标明确、步骤清晰的任务,V3 总是能快速而出色地完成。例如,当你需要快速撰写一封邮件、生成一份报告初稿,或是进行日常的对话交流时,V3 就像一位反应敏捷、手速飞快的打字员,能迅速呈现出你想要的结果,并且成本也相对亲民。它就像一位擅长快节奏、高效率工作的职场精英,能帮助我们轻松应对日常工作中的各种挑战。

而 DeepSeek-R1(以下简称 R1),则更像是一位习惯于深思熟虑的"策略规划者"。它是一位沉稳内敛的思考者,擅长深度思考、复杂推理和策略制定。如果你面临的是一项需要高精度、高可靠性的复杂任务,例如解决高难度的数学难题、进行深度的数据分析、审查关键的代码漏洞,那么 R1 就像一位经验丰富的智者,能凭借其卓越的逻辑推理能力，为你提供更准确、更可靠的答案。虽然 R1 的响应速度可能稍慢，成本也可能略高，但它在处理复杂问题时的精准度和深度，却是 V3 难以企及的。R1 就像一位运筹帷幄的战略家，能帮助我们在复杂局面中做出明智的决策。

那么，在实际应用中，我们究竟该如何选择 V3 和 R1 呢？关键在于任务的性质和你的需求侧重。如果你的任务是规范化的、目标明确的，例如日常文案撰写、信息查询等，那么 V3 就能以更快的速度和更低的成本完成，如图 3-16 所示。但如果你的任务是开放性的、需要深度思考和分析的，例如策略制定、复杂数据解读、代码审查等，那么 R1 才是更合适的选择。

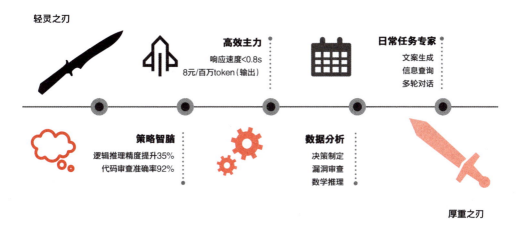

图 3-16

更巧妙的做法，是将 V3 和 R1 组合使用，如同让"工作主力"与"策略规划者"珠联璧合，如表 3-7 所示。你可以让 R1 负责理解复杂问题、制定整体策略，如同大脑进行深层思考；再让 V3 负责执行具体的、明确的任务步骤，如同双手高效地完成各项指令。例如，在客户服务流程中，可以先用 R1 模型分析客户订单和退货政策，制定最佳退货方案，再用 V3 根据方案快速生成退货邮件、查询物流信息，实现效率与精度的完美结合。

表 3-7

特性/维度	DeepSeek-V3	DeepSeek-R1
模型类型	通用模型	推理模型
形象比喻	工作主力	策略规划者

续表

特性/维度	DeepSeek-V3	DeepSeek-R1
核心优势	高效便捷，速度快，成本低	深度思考，准确可靠，擅长复杂推理
典型任务	- 文本生成（邮件、文案、初稿） - 创意写作（初步想法） - 多轮对话（日常对话） - 开放性问答（信息查询）	- 数理逻辑推理 - 深度数据分析 - 复杂决策制定 - 代码审查和质量提升 - 评估和基准测试
优先考虑因素	速度，效率，成本	意图理解，创造性，深度思考
速度&成本	快，成本较低	慢，成本较高
任务类型倾向	规范性任务（目标明确）	开放性任务（目标不明确）
提示语风格	结构化指令，清晰明确	简洁指令，聚焦目标

总之，DeepSeek 的 V3 和 R1 各有所长，V3 擅长高效地完成日常任务，注重速度、效率和成本；R1 则更擅长深度思考和复杂推理，更注重准确性、可靠性和深度。如同战场上的两把利剑，只有根据不同的战况和需求，选择合适的"剑"，才能在 AI 的竞技场上所向披靡，最终抵达成功的彼岸。

头脑风暴：

① 这就像是武术中的"快剑"与"慢剑"之争！快剑讲究一瞬千击，慢剑追求一剑破万法。原来 AI 模型也是如此，有主攻速度的，有主攻精度的，关键在于知己知彼。

② 就像煲汤的食材和手艺：葱姜蒜是快速提鲜的主力，而火候与时间则决定了汤的底蕴。V3 和 R1 的配合使用，不就是这个道理吗？

③ 这像极了中医"急则治其标，缓则治其本"的理念。V3 处理"标"（表面问题），快速见效；R1 治理"本"（根本问题），追求长效。

④ 这不就是团队中"行动派"和"思考派"的完美结合吗？一个负责高效执行，一个负责深度思考，互补共生。

⑤ 联想到围棋中的"快棋"和"研讨"，有时需要在时间压力下快速应对，有时则需要深入研究每一种可能。

第 3 章　DeepSeek 实战：掌握智能应用之道

关键启发：

"工欲善其事，必先利其器"——AI 工具的选择不在于孰优孰劣，而在于找准场景、扬长避短，实现"术业有专攻"的最优组合。

7. DeepSeek 提示词迭代应该怎么做？有哪些技巧？

现在请想象一下，你是一位充满好奇心的探险家，而 DeepSeek 就像一位博学多才的向导。你想要探索未知的知识领域，但首先，你需要用清晰的"探险指令"（也就是提示词），引导向导带你找到你想要的宝藏。如果你的指令含糊不清，向导可能会带你绕远路，甚至迷失方向。

提示词迭代，就像是我们在寻宝探险中不断优化我们的指令，让向导更准确地理解我们的意图，最终高效地找到宝藏！

提示词迭代说白了就是跟 AI "聊天"，然后根据 AI 的反馈不断调整我们说的话，直到 AI 完美理解我们的意思，并给出我们想要的结果。这就像雕琢一块璞玉，需要我们耐心打磨，才能展现它真正的光彩。

第一步：设定清晰的寻宝目标（明确初始需求）

前面已经多次讲到，在开始"寻宝"之前，应先搞清楚自己要找什么。对 AI 也是一样，我们需要明确告诉它我们的需求。这就像给探险向导设定一个明确的目的地。

◎ **角色扮演，让 AI 更专业**：你可以先给 DeepSeek 安排一个角色，比如"资深职业规划师""幽默的历史学家"或者"严谨的科学编辑"。这样一来，AI 就会站在这个角色的角度思考问题，给出更符合角色特点的答案。例如，你可以这样开头："你现在是一位经验丰富的面试官，请帮我分析一下……""假设你是一位对恐龙充满热情的科普作家，请用生动的语言描述……"

◎ **结构化问题，像搭积木一样清晰**：别一股脑儿地把问题抛给 AI，试试像搭积木一样，把问题分解成几个关键部分：

- 目标（Target）：你最终想要达到什么目的？例如，你想让 AI 帮你写一份简历，还是想让 AI 帮你开展头脑风暴激发新的产品创意？

- 现状（Given）：你目前的情况是怎样的？例如，你已经有了哪些工作经历？你目前的想法有哪些初步的轮廓？

- 障碍（Obstacle）：在实现目标的过程中，遇到了哪些障碍或挑战？例如，你不知道简历应该突出哪些技能，你的产品创意可能面临哪些市场风险。

把这些要素都告诉 AI，就像给它搭建了一个清晰的问题框架，让它更容易理解你的真正需求。你可以这样问："我的目标是找到一份数据分析师的工作，但我目前只有一些实习经历（现状），我最大的障碍是不确定如何突出我的数据分析能力（障碍）。你能帮我优化一下我的简历吗？"

◎用简洁明了的语言"发号施令"：别用模棱两可、含糊不清的词语，尽量用简单直接的语言表达你的意思。就像探险指令要简洁明了，避免让向导的理解出现偏差。比如，与其说"请你写一篇关于 AI 的文章，要写得好一点儿。"不如说"请你写一篇 500 字左右的科普文章，主题是 AI 在医疗领域的应用，语言风格要通俗易懂，面向没有技术背景的读者。"

第二步：初步试探，听听 AI 的"回声"（初步交互，获取 AI 的初步反馈，如图 3-17 所示）

图 3-17

第3章　DeepSeek 实战：掌握智能应用之道

指令下达之后，就要看看 DeepSeek 这个"向导"会给出什么样的"回应"了。记住，要像对话一样与 AI 互动，而不是单方面下命令。

◎ **用提问来引导 AI 思考**：与其直接告诉 AI"你应该这样做"，不如用提问的方式引导它思考。例如，与其说"你的文章写得太学术化了"，不如问："这篇文章对于没有技术背景的读者来说，会不会有些难以理解？你觉得可以怎样调整语言，让它更通俗易懂呢？"提问能激发 AI 思考，让它更主动地参与到优化过程中来。

◎ **多轮对话，层层深入**：别指望一次对话就能得到完美的结果。提示词迭代的精髓就在于"迭代"二字，要通过多轮对话，逐步明确你的需求。就像探险过程中，你可能需要不断地与向导沟通，调整路线，才能最终到达目的地。每次对话之后，都要基于 AI 的反馈，思考下一步如何改进提示词。

第三步：分析"回声"，找出需要改进的地方（分析反馈，诊断问题）

AI 给出了"回应"之后，我们不能简单地"照单全收"，要像经验丰富的探险家一样，仔细分析 AI 的反馈，找出哪些地方做得好，哪些地方还可以改进，如图 3-18 所示。

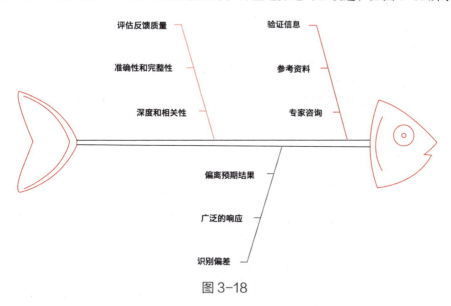

图 3-18

◎ **评估"寻宝"成果的质量**：AI 给出的答案，质量如何？是否准确？是否完整？深度够不够？这就像评估向导找到的宝藏是不是我们想要的，价值高不高。

◎ **在"回声"中寻找"杂音"**：仔细审视 AI 的回答，看看它是否偏离了你的预期目标？哪些地方让你觉得不太满意？这些"杂音"就是提示词需要改进的地方。例如，如果 AI 回答的内容过于宽泛，没有抓住重点，那就说明你的提示词可能不够具体。

◎ **多角度验证，确保"宝藏"的真实性**：AI 提供的知识，毕竟是来自模型训练的数据，我们不能完全依赖。要像严谨的学者一样，多方验证 AI 信息的可靠性。可以查阅相关资料，咨询领域专家，甚至进行实践验证，确保 AI 给出的信息是准确可靠的。这就像验证向导找到的宝藏是真的黄金，而不是镀金的石头。

第四步：优化"指令"，让寻宝之路更顺畅（优化提示词，进行迭代）

找到了问题所在，就要开始优化我们的"探险指令"了，让 DeepSeek 这个向导更好地理解我们的意图，如图 3-19 所示。

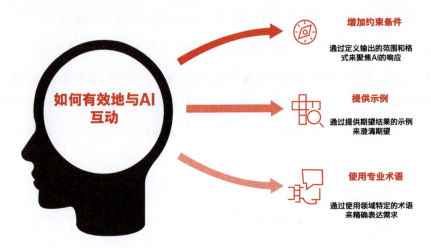

图 3-19

◎ **增加"路障"，限制 AI 的"自由发挥"（增加约束条件）**：如果 AI 的回答过于宽泛，天马行空，没有重点，可以增加一些约束条件，限制它的"自由发挥"。比如，你可以指定输出的格式（例如列表、表格、文章）、风格（例如幽默、正式、科普）、长度（例如字数、段落数），等等。这就像在探险地图上划定范围，告诉向导只能在这个区域内寻宝。

◎ **提供"藏宝图"，让 AI 知道你要什么（提供示例）**：如果你对输出结果有具体的期望，可以给 AI 提供一些示例，让它更直观地理解你的需求。就像给向导看一张藏宝图，告诉他宝藏大概长什么样。例如，你可以说"请参考这篇文章的风格，写一篇类似的文章……"或者"我希望你生成的文案像下面这些广告语一样简洁有力……"

◎ **用"行话"和 AI"对暗号"（使用专业术语）**：如果你对某个领域比较熟悉，可以使用一些专业的术语（也就是"黑话"）来明确表达你的需求。这就像探险队员之间用特定的暗号沟通，更高效、更精准。例如，在编程领域，你可以用"Python 代码""递归算法""面向对象"等术语来指导 AI。

◎ **"小步快跑"，逐步细化指令（逐步细化）**：每次迭代，只调整提示词中的一个或少数几个参数，不要一次性修改太多。这样可以更容易地追踪每次修改带来的影响，定位问题所在。就像调整探险路线，每次只微调一点点，逐步逼近目标。

◎ **提示词结构化，打造"万能指令"（采用结构化提示词）**：尝试使用结构化的格式来组织你的提示词，例如，明确角色定义、工作方式、输出要求等等，可以参考前面对提示词框架的讨论。这就像打造一个"万能指令模板"，可以根据不同的任务，快速调整和复用。下面是一些常用的结构化提示词技巧包括：

- 指令（Instruction）：明确告诉 AI 你想要它做什么。

- 背景（Context）：提供任务的背景信息，帮助 AI 更好地理解语境。

- 示例（Examples）：提供示例，帮助 AI 理解你期望的输出格式和风格。

- 约束（Constraints）：限制 AI 的输出，例如长度、风格、格式等。

- 提问（Questions）：引导 AI 思考，获取更深入的答案。

第五步：持续"寻宝"，不断优化"指南针"（持续评估与调整）

提示词迭代不是一蹴而就的，而是一个持续学习和实践的过程，如图 3-20 所示。我们需要不断地测试、记录、总结，才能打造出更精准、更高效的"寻宝指南针"。

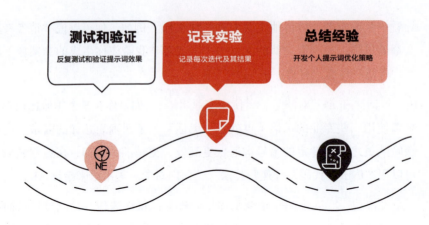

图 3-20

◎ 反复测试，验证"指令"效果（测试和验证）：每次修改提示词后，都要进行测试，观察 AI 的输出是否有所改善。这就像调整指南针之后，要实际走走看，验证方向是否正确。

◎ 记录"寻宝日志"，积累经验（记录实验）：记录每次迭代的提示词，以及对应的 AI 输出，方便后续分析和比较。这就像记录探险日志，总结经验教训，为下一次探险积累宝贵财富。

◎ 总结"寻宝经验"，形成自己的"独门秘籍"（总结经验）：在迭代过程中，不断总结经验教训，形成自己的提示词优化方法论。时间久了，你就会掌握一套属于自己的"提示词秘籍"，成为真正的 DeepSeek 提示词大师！

寻宝路上的"温馨提示"

在提示词迭代的过程中，还有一些重要的"温馨提示"，能让你的"寻宝之旅"更加顺利：

◎ 理解 AI 的"局限性"：AI 虽然很强大，但也不是万能的。它可能会在某些方面犯错，或者给出不尽如人意的答案。我们要了解 AI 的局限性，避免对它的答案过度依赖。就像向导也不是全知全能的，我们不能完全依赖他，也要有自己的判断。

◎ 识别 AI 回答中的"不确定性"：AI 的回答有时候可能会比较模糊，或者模棱两可。我们要学会识别这些"不确定性"，并及时提出问题进一步澄清。就像探险途中遇到岔路口，要及时向向导确认方向，避免走错路。

◎ **保持"批判性思维",不迷信 AI**:不要把 AI 的回答当作"金科玉律",要结合自己的知识和经验进行判断。AI 只是一个工具,最终的决策权还是掌握在我们自己手中。就像对待向导的建议,我们要参考,但也要有自己的思考和判断。

精雕细琢,打造你的专属 AI 助手

DeepSeek 提示词迭代,就像一场充满乐趣的语言游戏,也像是一场精益求精的雕琢艺术。通过不断地与 AI 交流、反馈、调整,我们可以逐步提升提示词的质量,让 AI 更好地理解我们的意图,成为我们高效、可靠的智能助手。

记住,熟能生巧,提示词的艺术,需要在不断实践中才能掌握。勇敢地开始你的 DeepSeek 提示词迭代之旅吧!你会发现,与 AI 的对话,可以如此有趣,如此富有创造力!祝你"寻宝"愉快,收获满满!

 头脑风暴:

① **提示词迭代就像雕琢璞玉**:与 AI 对话是一门艺术,每次迭代都在让"作品"更加完美!

② **AI 就像一位博学的向导**:把 AI 定位为向导而不是全知全能的神,让人更容易理解如何与之互动。

③ **用"行话"和 AI"对暗号"**:专业术语就像密码本,可以让沟通更精准高效。

④ **"小步快跑",逐步细化指令**:就像软件开发中的敏捷方法,每次只改一点,更容易找到最优解!

⑤ **结构化提示词就像万能指令模板**:这不就是给 AI 写 SOP(标准化操作模板)吗?可以一次设计、反复使用!

⑥ **"寻宝日志"的概念**:记录每次迭代结果,这不就是在创建自己的提示词知识库吗?

⑦ **不是在下命令,而是在对话**:这个认知转变太关键了,原来与 AI 互动应该是平等的探讨而不是命令式的!

⑧ **增加"路障"反而能提高效率**:限制反而能带来更好的创造性,就像诗歌的格律!

DeepSeek 全攻略： 人人需要的 AI 通识课

核心启发：

与 AI 对话是一门"对话的艺术"，不在于发出完美的指令，而在于建立一个互动、迭代、共同探索的过程。就像雕琢艺术品，需要耐心、技巧和创造力的完美结合。

8. DeepSeek 能自己构造和优化提示词吗？

有没有一种可能，让 DeepSeek 自己来构造更"完美"的提示词呢？答案是肯定的。这就像教孩子自己思考问题，而不是只等我们去提示他。这种让 AI 自我构造提示词的技术，在 AI 领域被称为自动化提示词工程（Automated Prompt Engineering，APE），或者更形象地称为自动提示词生成（Automatic Prompt Generation）。简单来说，就是让 AI 学会自己给自己"下指令"，找到与人类沟通的"最佳话术"。

首先，我们要认识到，像 DeepSeek 这样的大语言模型，已经具备了惊人的语言理解和生成能力。它们通过海量文本数据的训练，不仅学会了人类的语言，更重要的是，它们掌握了语言背后的逻辑和规律。这就好比一个学霸，不仅记住了课本上的知识，更领悟了知识之间的内在联系。

正是基于这种强大的能力，DeepSeek 可以像一位资深的提示词工程师一样，分析用户的需求，理解对话的上下文，并在此基础上，自主生成更精准、更有效的提示词。这就像一位经验丰富的老师，能根据学生的提问，反过来引导学生思考，帮助他们更好地理解问题，甚至提出更深入的问题。

更令人兴奋的是，AI 还能不断地优化自己生成的提示词。通过观察用户与 AI 的对话反馈，分析哪些提示词效果更好，哪些效果欠佳，AI 可以不断迭代改进自己的提示词生成策略。这种 AI 驱动的提示词优化，就像一位孜孜不倦的工匠，不断打磨自己的作品，力求精益求精。

构建"完美"提示词，从来都不是一蹴而就的事情，对于 DeepSeek 这样的 AI 来说也是如此。但 AI 的优势在于，它可以进行迭代改进，不知疲倦地尝试、评估和调整提示词，就像一位永不放弃的探险家，一步步逼近提示词的"理想彼岸"，如图 3-21 所示。这种迭代过程，不仅效率更高，而且能探索更广阔的提示词设计空间，发现人类可能忽略的"提示词新大陆"。

第 3 章　DeepSeek 实战：掌握智能应用之道

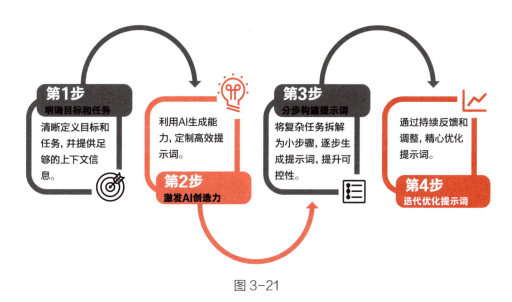

图 3-21

既然 AI 可以自己构造提示词，那么，作为用户，我们又该如何引导 AI，才能让它构建出更"完美"的提示词呢？以下是一些经过实践检验的最佳方法，让我们一起揭开其中的奥妙：

1）像导演一样，明确目标和任务

在与 AI 对话之初，我们首先要像电影导演一样，对整个"对话剧本"有一个清晰的构想。我们需要明确与 AI 对话的目标，以及期望 AI 完成的任务。目标越清晰，任务越明确，AI 就越容易理解我们的意图，从而生成有效的提示词。

例如，如果我们的目标是"了解最新的科技发展趋势"，那么任务就可以设定为"请 AI 总结最近一年 AI 领域的三项重大突破"。目标和任务的清晰定义，就好比给 AI 设定了明确的导航坐标，让它在茫茫的知识海洋中，能准确地找到方向。

除了明确目标和任务，我们还需要像给演员提供剧本背景一样，为 AI 提供充分的上下文信息。上下文信息就好比对话的语境，它可以帮助 AI 更好地理解我们的意图。例如，如果我们的目标是"推荐一家适合情侣约会的餐厅"，那么可以提供用户的位置、口味偏好、预算范围等信息。这些信息越详细，AI 就越能"感同身受"，从而生成更贴合用户需求的提示词。

有时候我们自己不清楚该从哪些方面明确目标和任务，就可以提示 AI 用前面介绍过的提示词框架通过交互的方式帮我们完善。比如，我们可以这样请求 AI 帮助："请扮演一位提示词工程师，用 COSTAR 框架帮我完善提示词：我想写一份关于电动汽

车行业的分析报告",DeepSeek-V3 会帮你进行完善:

当然可以!我们可以使用 COSTAR 框架来完善你的提示词。COSTAR 框架包括以下几个要素:

- C(Context):背景或上下文

- O(Objective):目标

- S(Scope):范围

- T(Task):任务

- A(Action):行动

- R(Result):结果

原始提示词:

"我想写一份关于电动汽车行业的分析报告。"

使用 COSTAR 框架完善后的提示词:

C(Context):

当前,全球电动汽车行业正在快速发展,受到政策支持、技术进步和消费者需求变化的推动。电动汽车市场的竞争日益激烈,传统汽车制造商和新兴企业都在积极布局。

O(Objective):

撰写一份全面、深入的电动汽车行业分析报告,旨在为投资者、行业从业者和政策制定者提供有价值的洞察和决策支持。

……(略)

完善后的提示词:

"在当前全球电动汽车行业快速发展的背景下,我计划撰写一份全面、深入的电动汽车行业分析报告。报告将涵盖市场规模与增长趋势、主要市场参与者及其竞争策略、技术进步与创新、政策环境与法规影响、消费者行为与市场需求变化、供应链与基础设施发展以及未来发展趋势与挑战。通过收集和分析最新的市场数据、行业报告和专家观点,使用 SWOT 分析、PEST 分析等工具进行行业分析,最终交付一份详尽的报告,为投资者、行业从业者和政策制定者提供有价值的洞察和决策支持。"

这样，你的提示词就更加具体和明确了，能更好地指导你完成报告撰写工作。

而使用相同的提示词，DeepSeek-R1 返回的结果更详细全面：

我将使用 COSTAR 框架（Context 背景，Objective 目标，Style 风格，Tone 语气，Audience 受众，Response 响应要求）为您优化提示词，并通过问答形式挖掘深层需求：

一、当前提示词分析：

原提示词："我想写一份关于电动汽车行业的分析报告"

可优化方向：缺乏具体场景、分析维度、受众对象和格式要求

二、COSTAR 优化流程：

1. Context（背景）：

- 需要确认报告用途（学术研究/商业决策/投资评估）？
- 是否限定地域范围（全球/中国/欧美市场）？
- 是否需要包含时间维度（2020—2024 趋势预测）？

2. Objective（目标）：

- 主要分析方向（技术发展/市场竞争/政策影响/用户行为）？
- 是否需要包含 SWOT 分析或 PEST 模型？
- 是否要对比传统燃油车市场？

……（略）

三、优化后提示词示例：

"请以投资机构行业研究员的身份，撰写一份面向新能源领域投资者的深度分析报告。要求：

1. 聚焦 2020—2023 年中国电动汽车市场

2. 包含产业链结构、政策驱动因素、电池技术路线对比（磷酸铁锂 vs 三元锂）

3. 使用波特五力模型分析行业竞争格局

4. 纳入蔚来/比亚迪/特斯拉的财务指标对比

5. 预测 2025 年市场渗透率及投资风险提示

6. 以 PDF 格式呈现，含执行摘要、数据图表（至少 5 个动态趋势图）、参考文献附录

7. 保持专业严谨但避免过度学术化表述"

四、补充建议：

1. 可要求加入供应链分析（如芯片短缺影响）

2. 建议对比欧美碳关税政策的影响

3. 可增加充电基础设施布局地图

4. 如需最新数据，建议限定数据截止到 2023 年 Q3

是否需要针对某个特定优化方向深入探讨？

在 AI 提供的提示的帮助下，我们就可以进一步细化和完善我们的目标和任务。当然，如果你忘了提示词框架的存在，也可以让 DeepSeek 反过来向你提问确认细节，告诉 DeepSeek："为了撰写一份关于电动汽车行业的深度分析报告，我希望通过一系列选择题来明确我的报告重点和方向。请提供问题，帮助我构建更精准的提示词，以获得高质量的报告内容。"DeepSeek 会给出类似以下内容的答复：

为了帮助你构建一份关于电动汽车行业的深度分析报告，以下是一些选择题，旨在明确报告的重点和方向：

1. 报告的主要目标是什么？
   – A. 分析电动汽车市场的现状和未来趋势
   – B. 探讨电动汽车技术的最新进展
   – C. 评估电动汽车对环境的影响
   – D. 研究电动汽车行业的竞争格局

2. 你希望报告的时间跨度是？
   – A. 过去 5 年的市场发展
   – B. 未来 5 年的市场预测
   – C. 过去 10 年的技术演进
   – D. 未来 10 年的技术展望

3. 你更关注哪个地区的电动汽车市场？
   – A. 北美市场

- B. 欧洲市场
- C. 中国市场
- D. 全球市场

……（略）

通过回答这些问题，你可以更精准地构建提示词，从而获得一份高质量、针对性强的电动汽车行业深度分析报告。

通过这样的交互式对话，AI 会一步步引导我们厘清思路，最终帮助我们形成一个结构完整、目标明确的任务描述。于是，在 DeepSeek 的帮助下，我们就明确了目标和任务，可以开始构造提示词了。

2）激发 AI 的创造力，利用其生成能力

AI 不仅是"执行者"，更是"创造者"。我们要善于利用 AI 的生成能力，让它为我们"量身定制"提示词。

在对话的初期，我们可以使用一些简单的指令，引导 AI 生成初始的提示词。例如，我们可以像一位好奇的学生一样，向 DeepSeek 提问："我想了解 [某个主题]，你觉得我应该如何向大语言模型提问，才能获得最佳答案呢？"或者更直接一点儿："请你为我生成一个用于 [某个任务] 的提示词模板，让我以后可以更方便地使用。"

为了更全面地拓展这类"用来生成提示词的提示词"，我们可以打开思路，从更多维度和角色来思考：

（1）从角色扮演角度出发（让 AI 扮演不同角色，提供不同视角的提示词生成建议）：

◎扮演"提示词导师/教练"：

请你扮演一位经验丰富的提示词导师，针对我想了解的 [主题]，指导我如何一步步构建一个高效且精准的提示词，最终获得我想要的深入解答。

假设你是一位提示词教练，我的目标是让大语言模型更好地完成 [任务]。请你像教练一样，给我一些练习题，让我通过实践来掌握提示词的编写技巧。

请以提示词专家的身份，评估我目前关于 [主题] 的提问方式，并给出改进建议，包括更有效的关键词、更清晰的指令结构等。

◎扮演"提示词工程师/专家":

请你作为一名提示词工程师,为我设计一个用于[任务]的最佳提示词,要求最大程度地利用大语言模型的潜力,并考虑到各种可能的输出情况。

假设你是一位提示词优化专家,我有一个初步的提示词[你的初步提示词],请你帮我分析并优化它,使其更加精炼、有效,并能获得更符合预期的结果。

请你扮演提示词架构师,帮我构建一个复杂的、多步骤的提示词框架,用于解决[复杂问题],确保模型能按照逻辑逐步深入分析,最终给出全面的解答。

◎扮演"创意提示词伙伴":

让我们一起头脑风暴!针对[创意主题],请你作为我的创意伙伴,提出尽可能多不同角度、不同风格的提示词,帮助我激发创意灵感。

假设我们正在进行一场提示词创意比赛,请你发挥你的想象力,设计一些新颖、有趣的提示词,用于[创意任务],力求突破常规,获得意想不到的惊喜。

请你扮演一位艺术策展人,为[艺术创作主题]策划一系列提示词,这些提示词应该能引导大语言模型创作出不同风格、不同流派的艺术作品。

◎扮演"提示词分析师/评估员":

请你扮演一位提示词分析师,我这里有几个关于[主题]的提示词[你的提示词列表],请你帮我分析每个提示词的优缺点,以及它们可能产生的不同效果。

假设你是一位提示词评估员,我使用提示词[你的提示词]获得了一些结果,请你帮我评估这些结果的质量,并分析提示词是否需要进一步改进。

请你作为提示词效果评估专家,设计一套评估标准,用于衡量提示词在完成[任务]时的有效性,并根据这套标准,帮我评估我目前使用的提示词。

◎扮演"提示词模板库管理员":

请你扮演一位提示词模板库管理员,为我整理一些常用的提示词模板,涵盖[任务类型],并解释每个模板的适用场景和使用方法。

假设你正在维护一个提示词模板数据库,请你根据我的需求[你的需求],从数据库中推荐最合适的提示词模板,并告诉我如何根据我的具体情况进行调整。

请你作为提示词模板生成器,根据我描述的任务[任务描述],自动生成一个或多个可直接使用的提示词模板,并提供使用示例。

(2)从任务类型角度出发(针对不同任务类型,引导 AI 生成针对性提示词):

◎针对"写作任务":

我想用大语言模型辅助写作[文章类型],请你为我生成一些能引导模型进行高质量写作的提示词,包括如何设定主题、如何要求风格、如何控制字数等。

我需要撰写一篇关于[主题]的[文章类型],请你提供一系列提示词,帮助我从构思、大纲、段落,到细节描写,逐步完成这篇文章的写作。

请你为我生成一些用于润色和修改文章的提示词,例如,如何检查语法错误、如何提升语言流畅度、如何增强文章的逻辑性等。

◎针对"创意内容生成任务":

我想用大语言模型生成[创意内容类型](例如诗歌、故事、剧本等),请你为我提供一些能激发模型创意,并引导其生成高质量创意内容的提示词。

我希望模型能创作出[创意风格]的[创意内容类型],请你提供一些提示词,帮助我控制模型的创意方向和风格,例如,如何指定风格、如何要求主题、如何设定情感基调等。

请你为我生成一些用于创意内容迭代和优化的提示词,例如,如何根据用户反馈修改内容、如何扩展内容、如何增加趣味性,等等。

◎针对"信息检索/研究任务":

我想用大语言模型进行[信息检索/研究任务],请你为我生成一些能引导模型进行高效信息检索和准确信息整合的提示词,包括如何提出问题、如何筛选信息、如何验证信息来源等。

我需要研究[研究主题],请你提供一系列提示词,帮助我从背景知识了解、关键问题挖掘、信息来源查找,到信息总结分析,逐步完成研究任务。

请你为我生成一些用于信息验证和信息来源追溯的提示词,例如,如何验证信息的真实性、如何查找信息的原始来源、如何评估信息的可信度等。

◎针对"问题解决/决策支持任务":

我想用大语言模型辅助解决[问题类型],请你为我生成一些能引导模型进行深入分析、提供多种解决方案并辅助决策的提示词,包括如何描述问题、如何要求分析角度、如何评估方案优劣等。

我面临[决策场景],需要做出[决策类型]的决策,请你提供一系列提示词,帮助我从问题定义、方案生成、方案评估,到最终决策,逐步完成决策过程。

请你为我生成一些用于方案优化和风险评估的提示词,例如,如何改进现有方案、如何评估方案的潜在风险、如何制定风险应对措施等。

◎针对"学习/教育任务":

我想用大语言模型辅助学习[学习主题],请为我生成一些能引导模型进行有效教学、提供个性化学习建议并辅助知识巩固的提示词,包括如何提出问题、如何要求解释概念、如何进行练习测试等。

我正在学习[学习领域],希望能更深入地理解[学习主题],请你提供一系列提示词,帮助我从基础知识回顾、核心概念理解、案例分析应用、到知识拓展延伸,逐步完成学习过程。

请你为我生成一些用于知识巩固和学习效果评估的提示词,例如,如何测试知识掌握程度、如何回顾学习内容、如何将知识应用于实际问题等。

（3）从提示词格式角度出发（引导 AI 生成不同格式的提示词）：

◎生成不同问题类型的提示词：

请你为我生成一些开放式问题的提示词，用于探索 [主题]，鼓励模型自由发散思考，提供更多可能性。

请你为我生成一些封闭式问题的提示词，用于针对 [具体问题]，要求模型给出明确、简洁的答案。

请你为我生成一些选择题类型的提示词，用于测试模型对 [知识点] 的理解程度，或者用于引导模型进行选择性输出。

◎生成不同风格的提示词：

请你为我生成一些简洁明了风格的提示词，力求用最少的文字表达最清晰的指令，提高提问效率。

请你为我生成一些详细具体风格的提示词，力求尽可能详细地描述需求和背景信息，减少模型的理解偏差。

请你为我生成一些角色扮演风格的提示词，让模型扮演特定角色，以获得更符合角色特点的回答。

◎生成不同结构的提示词：

请你为我生成一些结构化的提示词，例如，使用固定的模板、关键词或者指令框架，方便我批量生成和管理提示词。

请你为我生成一些非结构化的提示词，鼓励自由发挥，不拘泥于固定格式，更注重表达的灵活性和创意性。

请你为我生成一些多轮对话类型的提示词，用于引导模型进行深入、持续的对话，逐步探索复杂问题。

当 AI 生成一些初始提示词后，我们可以进一步要求它进行"创意发散"，生成多个不同版本的提示词。这就像集思广益,让 AI 从不同的角度、不同的表达方式来探索提示策略。例如,我们可以要求 AI:"请你再生成 5 个关于同一主题的提示词,但这次请尝试不同的风格,比如有的更正式,有的更口语化,有的更注重细节,有的更注重概括。"这样,我们就可以从多个维度来评估和选择最佳的提示词。

元提示是一种更高级的提示工程技巧。它指的是在提示词中,内置对提示词自身的要求。元提示,本质上是一种"指令的指令"。它不是直接指示 AI 完成某个任务,而是指示 AI 如何更好地完成任务,甚至指示 AI 如何更好地提问。通过巧妙地设计元提示,我们可以将 AI "角色化"为一位"提示工程师",让它站在提示工程师的角度,来思考和优化提示词。通过这种方式,我们可以引导 AI 在给出答案之前,先进行"自我审查",从而更好地捕捉用户的核心需求,并生成更贴合用户意图的提示词。

例如,我们可以使用这样的元提示策略:"请你先分析我的请求,指出我的请求中可能存在的歧义或不明确之处。然后,生成一个更详细、更清晰的提示词,以便你能基于这个更完善的提示词,为我提供更有针对性的、更准确的答案。"

在这个例子中,我们并没有直接要求 AI 回答问题,而是先要求 AI "反思"我们的问题,找出问题中的不足,并"自我改进",生成更完善的提示词。这种"先反思,后行动"的策略,可以帮助 AI 更深入地理解用户的需求,从而生成更有效的提示词。

另一个使用元提示策略的例子:

请你根据我对科普文章的描述,指出我在描述中是否遗漏了关键信息,或者哪些地方描述得不够清晰。请提出优化后的提问方式,让我能更全面、更准确地表达我的需求。

通过这种方式,我们可以促使 AI 站在提示词工程师的角度,审视我们的需求描述,找出潜在的问题,并主动提出改进方案。这就像请一位经验丰富的编辑,帮助我们完善写作大纲,确保我们提出的问题更精准、更有效。

再举一个更详细的元提示的例子:

你现在扮演一位专业的提示工程师,你的任务是分析用户的初始需求,并迭代生成优化版本的提示词。在生成提示词的过程中,你需要充分考虑各种因素,例如目标领域、期望的输出格式、用户对知识深度的要求、风格偏好等。在首轮提示词生成之后,你需要主动向用户提问,询问关于目标领域、期望输出格式、知识深度要求、风格偏好等关键参数，以便更精准地把握用户需求，并生成更有效的提示词。

通过这个元提示，我们赋予了 AI "提示工程师" 的角色，并明确了它的任务和工作流程。AI 会像一位专业的提示工程师一样，主动分析用户需求，并迭代生成优化版的提示词。

3）采用分步式构造提示词：化繁为简，步步为营

构建"完美"提示词，不必期望一步到位。我们可以将复杂的任务拆解成多个子任务，分步骤地引导 AI 生成提示词。

例如，对于撰写科普文章这个任务，我们可以将其拆解为以下几个子任务：

◎ 子任务 1：确定文章的主题和核心观点："请你帮我确定这篇文章的核心主题和主要观点。考虑到目标读者是中学生，主题应该具有科普性和趣味性，核心观点应该简洁明了，易于理解。"

◎ 子任务 2：设计文章的结构和框架："请你为这篇文章设计一个清晰的文章结构。考虑到科普文章的特点，文章结构应该逻辑清晰，层次分明，重点突出。可以参考常见的科普文章结构，例如'提出问题 – 分析问题 – 解决问题'的结构。"

◎ 子任务 3：生成每个章节的详细提示词："现在，请你为文章的每个章节，分别生成更详细的提示词。例如，对于'提出问题'这个章节，提示词可以包括：'请用生动的案例或故事，引出可持续发展的重要性，并引发读者对这个问题的思考。'"

通过分步式地构造提示词，我们可以将一个复杂的任务，分解为多个更小、更易于管理的子任务。这不仅降低了任务的难度，也使得整个提示词构建过程更加清晰、可控。

4）像园丁一样，迭代优化和建立反馈循环

构建"完美"提示词，就像培育一株珍贵的植物，需要精心地呵护和持续地优化。在与 AI 对话的过程中，我们要像一位耐心的园丁，不断地评估提示词的效果，并根据反馈进行迭代改进。

在对话过程中，我们要密切观察 AI 对不同提示词的反应和输出结果。哪些提示

词能更有效地引导 AI 产生我们期望的回复？哪些提示词的效果不尽如人意？我们要像一位细心的观察者，记录下这些"实验数据"，为后续的优化提供依据。

用户的反馈，是优化提示词的"养料"。用户的评价、进一步的指令，都蕴含着宝贵的信息。AI 可以像一位聪明的学生，从用户的反馈中学习，了解用户的偏好和期望，并据此调整提示词。例如，如果用户觉得 AI 的回复过于宽泛，我们就可以在提示词中增加更具体的约束条件，让 AI 的回复更精准。

例如，当 AI 生成了第一版提示词后，我们可以这样反馈："你生成的提示词，整体方向是对的，但在细节方面还有提升空间。例如，在'分析问题'这个章节的提示词中，可以更具体地指导 AI 应该从哪些方面来分析问题，例如'请从资源消耗、环境污染、社会公平等多个角度，分析不可持续发展带来的问题'。"

通过持续的沟通和反馈，我们可以引导 AI 不断优化提示词，使其越来越贴合我们的具体需求，最终达到精益求精的目标。

迭代改进提示词是一个持续的过程。我们要像一位精益求精的工匠，基于评估结果和用户反馈，不断地调整提示词的措辞、结构、详细程度等等。每一次调整，都是一次进步，每一次迭代，都让我们离"完美"提示词更近一步。

如果你不知道该如何反馈迭代，可以试试"量化改进法"：通过让 AI 设计评分体系并量化评估，我们可以更精准地知道需要在哪些维度发力，从而更有效地迭代提示词。

量化改进法的具体做法是：首先，用一个初步的提示词让 AI 生成内容（例如产品说明书、文章、代码等）；然后，要求 AI 为它自己生成的内容设计一个评分体系。这个评分体系应该包含多个维度（指标），并使用量化的评分标准（例如 5 分制）。让 AI 使用它自己设计的评分体系，对刚刚生成的内容进行自我评估，并给出每个维度具体的量化分数（例如 1~5 分）。我们根据 AI 的评分体系和自评分数，分析哪些维度得分较低，哪些维度需要改进。根据这些量化反馈，我们就可以有针对性地修改提示词，例如在得分较低的维度上"加量"或"减量"，例如，如果"语言简洁程度"得分低，就在新的提示词中更强调"简洁""精炼"等要求。重复以上步骤，不断迭代提示词和 AI 生成的内容，直到达到满意的效果。

为了让你更好地应用这种方法，以下将提供不同类型的提示词，帮你引导 AI 生成评分体系和量化反馈。

第3章 DeepSeek 实战：掌握智能应用之道

A. 通用型提示词（适用于各种内容类型）：

◎简洁直接型：

请为我生成一份关于[主题]的[内容类型]（例如产品说明书）。生成后，请你为这份[内容类型]设计一个5分制的评分体系，包含至少5个评价维度。然后，请使用你设计的评分体系，对你刚刚生成的内容进行自评打分，并给出每个维度的具体分数。

◎更详细的指令：

我的目标是使用大语言模型生成高质量的[内容类型]（例如用户手册）。首先，请你生成一份关于[主题]的[内容类型]。然后，请你扮演一位专业的质量评估专家，为这份[内容类型]设计一个详细的评分体系，使用5分制，维度应该尽可能全面，并能有效衡量[内容类型]的质量。请务必详细解释每个维度在1~5分分别代表什么水平。最后，请你使用这个评分体系，客观地评估你生成的内容，并给出每个维度的得分，以及总分。

◎强调迭代优化：

为了不断优化提示词，我需要量化评估AI生成内容的质量。请先生成一份关于[主题]的[内容类型]。接下来，请你构建一个用于评估[内容类型]质量的评分框架，框架应包含多个关键指标，并使用5分制量化每个指标的优劣程度。请详细说明每个指标的含义，以及1~5分的具体标准。最后，请用你构建的评分框架，对你生成的内容进行自评，并给出每个指标的得分。这些评分将帮助我改进提示词，请务必认真评估。

B. 针对特定内容类型的提示词（例如产品说明书、文章、代码）：

◎针对产品说明书的量化反馈提示词：

请生成一份[产品名称]的产品说明书。完成后，请设计一个5分制的评分体系，维度包括：详细程度、语言简洁程度、结构清晰程度、操作指导性、专业术语准确性，并对你生成的产品说明书进行自评打分。

◎ 针对文章的量化反馈提示词：

请撰写一篇关于[文章主题]的文章。完成后，请设计一个5分制的评分体系，维度包括：主题相关性、逻辑清晰度、论证充分性、语言表达流畅性、创新性，并对你生成的文章进行自评打分。

◎ 针对代码的量化反馈提示词：

请用[编程语言]编写一段代码，实现[代码功能]。完成后，请设计一个5分制的评分体系，维度包括：代码功能完整性、代码效率、代码可读性、代码可维护性、错误处理机制，并对你生成的代码进行自评打分。

C. 更精细化的维度控制提示词（引导AI生成更具体的维度）：

◎ 指定维度类型：

请为[内容类型]设计一个5分制评分体系，维度类型主要侧重于内容的可读性和用户体验方面，例如可以包括：易理解程度、信息组织合理性、视觉呈现效果、用户友好性、吸引力等。请详细描述每个维度1~5分的标准。

◎ 排除特定维度：

请为[内容类型]设计一个5分制评分体系，维度不要包含专业性或技术性指标，主要关注内容的通用性和普适性，例如可以包括：清晰度、简洁度、吸引力、实用性、情感共鸣等。请详细描述每个维度1~5分的标准。

◎ 引导维度数量：

请为[内容类型]设计一个5分制评分体系，维度数量控制在3~5个，力求精简且关键。维度应该能全面概括[内容类型]的核心质量特征。请详细描述每个维度1~5分的标准。

D. 迭代优化提示词示例（基于量化反馈进行迭代）：

假设你第一次使用提示词生成产品说明书，并得到了AI自评反馈：

◎评分体系维度：

- 详细程度（3/5）
- 语言简洁程度（2/5）
- 结构清晰程度（4/5）
- 操作指导性（3/5）
- 专业术语准确性（5/5）

◎分析反馈："语言简洁程度"得分最低，说明产品说明书可能过于冗长或使用了过多复杂语句。

◎迭代后的提示词（针对性改进）：

 请再次生成一份[产品名称]的产品说明书，但这次请特别注意语言的简洁性，避免使用冗余的描述和复杂的句式，力求用最精炼的语言表达核心信息。生成后，请仍然使用上次你设计的评分体系，再次进行自评打分，并重点关注"语言简洁程度"维度的得分是否有所提升。

使用量化反馈方法的注意事项：

◎评分体系的合理性：AI设计的评分体系可能并不完美，用户需要根据实际情况判断其合理性，并可以引导AI进行调整。

◎自评的客观性：AI自评可能存在一定的主观性，用户需要结合自身判断，综合分析评分结果。

◎迭代方向的把握：量化反馈只是参考，最终的迭代方向还需用户根据目标和需求进行决策。

◎持续迭代的耐心：提示词优化是一个迭代过程，需要耐心和持续地尝试，才能达到最佳效果。

通过运用这种量化反馈方法，可以更科学、更高效地完成提示词工程，让AI更好地理解我们的需求，并生成更高质量的内容。

总之，让AI在对话过程中自行构造"完美"的提示词，不仅是完全可行的，而且是提升AI对话质量的关键所在。通过明确目标任务、利用AI生成能力、进行迭代优化、运用提示词工程技巧等最佳实践，我们可以像一位优秀的指挥家那样，引导AI演奏出更美妙的"对话乐章"。

构建"完美"提示词的道路，注定是一个不断探索、不断迭代的过程。但正是这种探索和迭代，让我们不断挖掘 AI 的潜力，不断提升人机协作的效率和质量。在未来，随着自动化提示词工程技术的不断发展，我们有理由相信，AI 将成为我们最得力的"提示词优化大师"，帮助我们更好地驾驭 AI 的强大力量。

9. DeepSeek 在办公效率提升方面有哪些应用？

DeepSeek 在办公效率提升方面潜力巨大，可以帮我们完成大量重复性、耗时的工作，从而大幅提升效率，如图 3-22 所示。DeepSeek 在办公效率提升方面的潜在应用包括：

◎**文档自动化生成**：报告自动生成、合同/协议自动生成、邮件/信函自动撰写、PPT 幻灯片自动生成、新闻稿/公告自动撰写等。

◎**会议效率提升**：会议纪要自动生成、会议议程/流程自动规划、会议内容总结与提炼、会议行动项/待办事项自动提取、多语言会议实时翻译与字幕等。

◎**信息处理与知识管理**：信息快速检索与筛选、文档内容摘要与关键信息提取、知识库构建与知识图谱生成、数据分析与洞察挖掘、舆情监控与风险预警等。

◎**沟通协作效率提升**：多语言即时翻译、智能客服与在线咨询、团队协作平台辅助、日程管理与会议安排、工作流程自动化等。

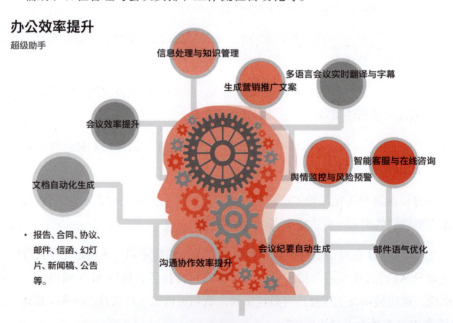

图 3-22

第 3 章　DeepSeek 实战：掌握智能应用之道

以下我将从文档生成、会议纪要、邮件处理、数据分析报告、演示文稿制作，以及其他通用办公场景等多个方面，给出详细的提示词示例，希望能帮你充分挖掘 DeepSeek 在办公场景下的应用价值：

1）文档生成

◎快速生成合同草稿

请扮演一位资深律师，根据以下信息，快速生成一份 [合同类型]（例如：劳动合同、租赁合同、销售合同的草稿）。合同双方为：甲方 [甲方名称]，乙方 [乙方名称]。合同主要条款包括：[合同条款要点，例如：工作内容、工作地点、合同期限、付款方式、违约责任等，尽可能详细描述]。请使用正式、严谨的法律语言，并确保合同条款的完整性和合规性。最终输出 Word 文档格式。

◎批量生成产品描述文案（电商平台适用）

请为以下 [产品类别]（例如：智能手表、无线耳机、咖啡豆）的产品，批量生成产品描述文案，每款产品文案字数控制在 [字数] 字左右。文案风格要求：突出产品卖点，语言生动有趣，能吸引潜在买家。产品信息如下：[产品 1 名称]：[产品 1 卖点和核心参数] [产品 2 名称]：[产品 2 卖点和核心参数] [产品 3 名称]：[产品 3 卖点和核心参数]……请将最终文案整理成 Markdown 格式的表格，方便复制粘贴。

◎生成营销推广文案（社交媒体适用）

"请扮演一位创意营销文案撰稿人，为 [品牌名称] 的 [产品 / 服务]（例如：新款手机、夏季促销活动、在线教育课程）撰写 [数量] 条社交媒体推广文案，每条文案字数控制在 [字数] 字以内，文案风格要求：活泼、有趣、吸引眼球，能快速抓住用户注意力，并引导用户点击了解详情。目标平台为 [社交媒体平台]（例如：微博、微信、抖音）。请提供不同风格的文案（例如：悬念式、疑问式、痛点式等）。"

◎生成项目策划方案（初步框架）

"请基于以下项目背景和目标，快速生成一份[项目名称]项目策划方案的初步框架。项目背景：[项目背景描述]。项目目标：[项目目标描述，例如：提升品牌知名度、拓展市场份额、提高用户转化率]。策划方案框架需要包含以下主要部分：项目概述、市场分析、目标受众分析、营销策略、预算预估、风险评估、预期效果。请使用清晰的结构化语言，并提供每个部分的主要内容要点。"

◎生成新闻稿件（企业宣传适用）

"请扮演一位专业的媒体公关人员，为[公司名称]的[新闻事件]（例如：新品发布会、战略合作签约、融资成功）撰写一篇新闻稿件，字数控制在[字数]字左右。稿件风格要求：客观、准确、权威，符合新闻稿件的规范格式，能吸引媒体关注和报道。新闻事件的主要信息包括：[新闻事件核心要素，例如：时间、地点、人物、事件经过、重要意义等，尽可能详细描述]。请在稿件中突出[公司名称]的[核心优势或亮点]。"

2）会议纪要

◎自动生成会议纪要（基于会议内容）

"请基于以下会议录音或会议记录文本[会议记录文本或录音转文字稿]，自动生成一份详细的会议纪要。会议主题：[会议主题]。参会人员：[参会人员名单]。会议时间：[会议时间]。纪要内容需要清晰记录会议议题、讨论要点、决议事项，以及后续行动计划。请使用结构化格式，例如：议题、发言人、要点总结、决议、行动项。最终输出 Markdown 格式。"

◎提取会议纪要要点（快速回顾会议）

"请基于以下会议纪要全文[会议纪要文本]，提取会议纪要的核心要点，并整理成简洁的要点列表，方便快速回顾会议内容。请重点提取会议的决议事项和行动计划。要点数量控制在[数量]条左右。"

◎生成会议议程（高效组织会议）

"请根据以下会议主题和会议目标，生成一份详细的会议议程。会议主题：[会议主题]。会议目标：[会议目标，例如：确定项目方案、解决技术难题、团队沟通协调]。会议时长：[会议时长，例如：1小时、半天]。议程需要包含以下主要部分：会议主题、会议时间、会议地点、参会人员、会议目标、议程安排（包含时间分配和每个议程环节的具体内容）。请使用清晰的结构化格式，方便参会人员提前了解会议安排。"

3）邮件处理

◎快速撰写商务邮件（多种场景适用）

"请扮演一位专业的商务助理，根据以下信息，为我撰写一封[邮件类型，例如：邀请函、感谢信、询价函、回复邮件]的商务邮件。邮件主题：[邮件主题]。收件人：[收件人姓名/职位]。邮件正文要点：[邮件正文要点，例如：会议邀请的具体信息、感谢信的感谢内容、询价函的询价产品和数量等，尽可能详细描述]。邮件语气要求：专业、礼貌、得体。最终邮件落款署名[你的姓名/职位]。"

◎邮件内容总结（快速了解邮件内容）

"请总结以下邮件内容[邮件原文]，提取邮件的核心信息，并用简洁的语言概括邮件的主要内容，方便我快速了解邮件意图。总结内容需要包含：邮件发送方、邮件接收方、邮件发送时间、邮件主题、邮件核心内容要点、邮件希望我采取的行动。最终总结以要点列表的形式呈现。"

◎邮件语气优化（提升邮件专业度）

"请优化以下邮件草稿的语气和表达[邮件草稿]，使其更符合商务邮件的规范和礼仪，提升邮件的专业度。优化重点可以包括：语言表达是否礼貌得体、措辞是否精准专业、语句是否简洁明了、结构是否清晰易懂。请提供优化后的邮件版本，并简要说明优化之处。"

4）数据分析报告

◎生成数据分析报告框架（初步报告结构）

请基于以下数据分析主题和数据来源，生成一份数据分析报告的初步框架。数据分析主题：[数据分析主题，例如：用户增长分析、销售数据分析、市场调研分析]。数据来源：[数据来源描述，例如：用户行为数据、销售订单数据、市场调研问卷数据]。报告框架需要包含以下主要部分：报告标题、报告摘要、研究背景、数据来源与方法、数据分析结果、结论与建议、附录。请使用清晰的结构化语言，并提供每个部分的主要内容要点。

◎数据分析结果解读（从数据中发现洞见）

请基于以下数据分析结果[数据分析结果，例如：统计图表、数据表格、分析结论]，进行深入解读，并从中挖掘有价值的商业洞见或业务改进建议。请从[分析角度]（例如：用户行为模式分析、销售趋势分析、市场竞争格局分析）等角度进行解读。解读结果需要包含：数据分析结果的含义、数据结果背后的原因分析、基于数据结果的行动建议。最终解读结果以要点列表形式呈现。

5）演示文稿制作

◎生成演示文稿大纲（快速构建演示框架）

请根据以下演示主题和演示目标，生成一份演示文稿的详细大纲。演示主题：[演示主题]。演示目标：[演示目标，例如：项目汇报、产品介绍、方案宣讲]。演示时长：[演示时长，例如：20分钟、半小时]。演示文稿大纲需要包含以下主要部分：演示标题、演示目录、每个章节的标题和主要内容要点。请使用清晰的结构化格式，方便后续填充演示内容。

◎为演示文稿生成演讲稿（辅助演示讲解）

请基于以下演示文稿[演示文稿内容，例如：PPT文本内容]，为每一页幻灯片生成对应的演讲稿。演讲稿风格要求：口语化、流畅自然、重点突出，能辅助演示者清晰地讲解演示内容。请为每一页幻灯片生成一段[字数]字左右的演讲稿。最终演讲稿以Markdown格式呈现，并与幻灯片内容一一对应。

6）其他通用办公场景

◎生成会议邀请函

请为[会议主题]会议，生成一封正式的会议邀请函。会议主题：[会议主题]。会议时间：[会议时间]。会议地点：[会议地点]。参会人员：[参会人员名单]。会议目标：[会议目标]。请在邀请函中明确会议主题、时间、地点、参会人员、会议目标，并告知参会注意事项。邀请函语气要求：正式、礼貌。

◎生成工作周报/月报

请基于以下工作内容记录[工作内容要点列表]，生成一份[时间周期]（例如：本周、本月）的工作周报/月报。工作周报/月报需要包含以下主要部分：本周/本月工作总结、工作亮点、存在问题及改进计划、下周/下月工作计划。请使用结构化格式，例如：一级标题、二级标题、要点列表。

◎生成活动策划准备清单

请DeepSeek，为[活动类型，例如：线上发布会、线下研讨会、团队建设活动]生成一份详细的活动策划准备核查清单，确保活动流程的完整性和可执行性。清单需要包含活动策划、准备、执行、收尾阶段的各项任务，并按照时间顺序排列。请将清单整理成Markdown格式的表格，方便勾选和跟踪进度。

◎生成岗位职责描述（HR招聘适用）

请为[岗位名称]岗位，生成一份详细的岗位职责描述。岗位名称：[岗位名称]。所属部门：[所属部门]。汇报对象：[汇报对象]。岗位职责描述需要包含：岗位职责、任职要求、加分项、福利待遇、工作地点、联系方式。请使用清晰、规范的语言，并突出岗位的吸引力。

◎生成培训课程大纲

请为[培训主题]培训课程，生成一份详细的课程大纲。培训主题：[培训主题]。培训对象：[培训对象]。培训时长：[培训时长，例如：一天、两天]。课程大纲需要包含：课程目标、课程内容模块、每个模块的详细知识点、教学方法、考核方式。请使用结构化格式，方便后续填充课程内容和教学资料。

用DeepSeek提示词提高办公效率的要点指南：

◎角色扮演：善用"扮演……"角色，让DeepSeek更专注于特定领域的专业输出。

◎结构化输出：明确指定输出格式（Markdown、表格、列表、Word、PPT），方便后续编辑和使用。

◎详细指令：尽可能提供任务细节和背景信息，减少模型理解偏差，提高生成质量。

◎关键词引导：使用效率、快速、自动、批量、总结、优化等关键词，引导DeepSeek生成更符合办公场景需求的内容。

◎迭代优化：如果对初次生成结果不满意，不要气馁，尝试修改提示词，调整指令，不断迭代优化，直到获得最佳效果。

◎迭代很关键：提示词工程是一个不断迭代优化的过程。多尝试不同的提示词组合，不断根据生成结果进行调整，你就能找到最适合你的DeepSeek办公效率提升方案，并真正释放AI的潜力！

10. DeepSeek 在教育领域有哪些应用潜力？

DeepSeek 在教育领域的应用前景非常广阔（如图 3-23 所示），它强大的自然语言处理能力，为个性化学习、教学提效和更丰富的教育体验带来了无限可能。DeepSeek 在教育领域的应用潜力如下：

◎ **个性化学习与辅导**：包括个性化辅导、智能答疑、学习路径规划、自适应学习系统、语言学习伙伴等。

◎ **教学辅助与效率提升**：包括作业自动批改、教学资源生成、教学内容创作、学生学习情况分析、课堂互动辅助等。

◎ **教育内容创新与拓展**：包括创造性写作指导、学科知识拓展、跨学科学习支持、STEAM 教育辅助、编程教育辅助等。

◎ **特殊教育与情感关怀**：包括特殊学生辅导、情感支持与心理疏导、学习困难诊断与干预、家校沟通等。

以下是针对 DeepSeek 在教育领域应用的提示词示例，希望能帮读者充分挖掘 DeepSeek 在教育领域的潜力。

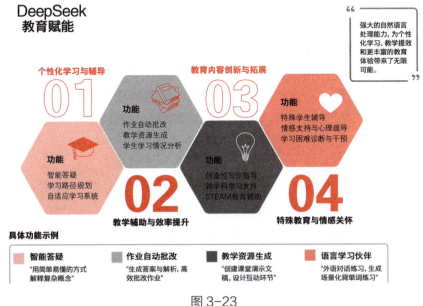

图 3-23

1）个性化学习与辅导支持（学生端）

（1）用简单易懂的方式解释复杂概念（任何学科）

请扮演一位有耐心且知识渊博的家庭教师，用浅显易懂的语言，向一位 [几年级的学生，例如：五年级学生、高中生、大学新生] 解释 [概念名称，例如：光合作用、勾股定理、供求关系]。请使用通俗的语言、贴近生活的例子，并将概念分解成易于理解的步骤。解释完毕后，请提出几个简单的问题来检验我对概念的理解程度。

（2）解答学生的具体问题（问答辅导）

我在理解 [具体问题，例如："为什么线粒体被称为细胞的动力工厂？""如何解二次方程？""解释机会成本的概念。"] 时遇到了困难。请提供清晰简洁的解答，解释其背后的原理，并在必要时提供例证。假设我是一位对 [学科，例如：生物、代数、经济学] 有基础了解的 [学生类别，例如：初中生、本科生]。

（3）提供逐步解题指导（数学与科学）

我需要帮助解决这道 [学科，例如：数学、物理、化学] 题目：[粘贴具体题目，例如："解方程：$2x + 5 = 11$""一个球以 20 米/秒的初速度垂直向上抛出，计算它能达到的最大高度。""配平化学方程式：$H_2 + O_2 \rightarrow H_2O$"]。请逐步引导我完成解题过程，清晰地解释每一步骤，并说明每一步的理由。假设我对 [学科，例如：代数、运动学、化学计量学] 有基本的了解。

（4）生成练习题与小测验（练习与评估）

我想练习 [学科，例如：法语词汇、分数运算、历史事件]。请生成 [数量，例如：10 道、20 道、5 道] 练习题，主题是 [学科内的具体主题，例如："与食物相关的法语动词""分数的加减法""第一次世界大战的起因"]。题目难度应适合 [学生类别，例如：高中生、小学生]。请在题目后附上答案。

（5）自适应学习——根据学习风格调整解释方式

请再次解释 [概念，例如：光合作用]，但这次请使用 [学习风格，例如：视觉示例、类比、真实世界的应用、故事形式] 的方式进行解释。上次你是用 [之前的解释风格] 解释的。我在用 [偏好的学习风格] 方式学习时，理解得更好。请根据我偏好的学习风格调整你的解释。

2）自动化作业与评估辅助（教师端）

（1）生成家庭作业（多种学科适用）

请为 [几年级的学生，例如：九年级学生、七年级学生、大学生] 的 [学科，例如：英语文学、几何学] 科目，布置一份家庭作业。作业重点应放在 [具体主题，例如："莎士比亚戏剧《哈姆雷特》中的人物分析""三角形的面积和周长"]。包含 [数量，例如：5 道、10 道] 题，题型多样化（例如：选择题、简答题、论述题、报告），并可选择性地加入一道附加题。请提供参考答案。

（2）为学生报告提供反馈（报告批改助手）

请为以下学生关于 [报告主题，例如："社交媒体对青少年的影响""比较和对比罗伯特·弗罗斯特的两首诗歌""气候变化的原因和后果"] 的报告提供建设性的反馈意见 [粘贴学生报告文本]。请将反馈重点放在 [反馈的角度，例如："论证的清晰度、证据的使用、语法和用词、整体结构"]。请从报告中摘取具体例子来支持你的反馈，并提出可操作的改进建议。

（3）生成主观题评分标准（公平评分）

请为 [学科，例如：公共演讲、科学、历史、社会学] 科目 [学生类别，例如：高中生、初中生] 的 [待评价类型，例如：演讲、小组项目、研究论文、辩论赛] 设计一份评价标准。该评价标准应包含 [数量，例如：4 个、5 个] 评分标准，并对每个标准的不同表现水平进行清晰描述（例如：优秀、良好、一般、较差，或使用 4 分制并详细描述每个分数对应的水平）。评分标准应与 [具体主题，例如："有效沟通""科学探究""历史分析""批判性思维"] 的学习目标相关联。

（4）生成答案与解析（高效批改作业）

我布置了一份 [学科，例如：物理、化学、数学] 的 [题型，例如：选择题、填空题、计算题] 家庭作业，题目如下：[粘贴家庭作业题目列表]。请为每道题生成详细的答案和解题步骤解析，特别是计算题和需要解释的题目，务必详细说明解题思路和原理。请将答案和解析整理成清晰易读的格式。

（5）根据教学大纲生成课程教案（备课助手）

我计划教授一节关于 [课程主题，例如："二战历史""Python 编程入门""生物多样性"] 的 [年级，例如：高中二年级、大学一年级、小学五年级] 课程。请根据 [课程主题] 生成一份详细的课程教案，教案应包含教学目标、教学内容、教学步骤、教学方法、教学资源、课堂活动及课后作业建议。请将教案按照教学时间顺序进行结构化组织，并注明每个环节的预计时长。

3）教师内容创作助手（教师端）

（1）创建课堂演示文稿（PPT 课件）

请为 [课程主题，例如："地球的构造""代数方程""美国独立战争"] 课程，创建一个包含 [幻灯片数量，例如：10 页、15 页] 的课堂演示文稿（PPT 课件）。演示文稿应涵盖 [课程主题] 的核心知识点，并使用图文并茂的方式呈现。请在演示文稿中加入一些互动元素，例如：思考题、小测验、讨论环节建议。最终输出 PPTX 格式的演示文稿。

（2）设计课堂活动和互动环节（提升课堂参与度）

请为 [课程主题，例如："环境保护""团队合作""批判性思维"] 的 [学生类别，例如：初中生、小学生、大学生] 课堂，设计 [数量，例如：3 个、5 个] 有趣的课堂活动和互动环节，以提升学生的课堂参与度和学习兴趣。活动类型可以包括小组讨论、角色扮演、游戏、案例分析、辩论赛等。请详细描述每个活动的步骤、所需材料及预期教学效果。

（3）编写教学视频脚本（在线教学资源）

我想制作一个关于 [教学主题，例如："牛顿第一定律""日语入门""印象派绘画"] 的教学视频，时长约为 [视频时长，例如：5分钟、10分钟]。请为这个教学视频编写一份详细的脚本，脚本应包含视频开场白、教学内容讲解（分步骤详细描述）、视觉素材建议（例如：动画、图片、图表），以及视频结尾总结。脚本语言应口语化，生动有趣，适合 [学生类别，例如：高中生、初中生、小学生] 观看。

（4）生成教学案例（案例教学法）

请为 [学科，例如：商业管理、法学、新闻传播学] 课程，生成 [数量，例如：2个、3个] 经典的教学案例，用于案例教学。案例主题应围绕 [案例主题关键词，例如："企业伦理""合同纠纷""媒体伦理"] 展开。每个案例应包含案例背景介绍、案例核心问题、案例分析要点及案例启示。请将案例整理成结构化的文档格式。

（5）创建课程资源列表（拓展学习资源）：

请为 [课程主题，例如："宇宙探索""AI""世界文化遗产"] 课程，创建一个包含 [资源类型，例如：书籍、网站、纪录片、App] 的课程资源列表，方便学生拓展学习资源。资源列表应包含资源名称、资源简介、资源链接（如果适用），以及推荐理由。请将资源按照资源类型进行分类整理。

4）语言学习与练习（师生通用）

（1）外语对话练习（口语练习）

请扮演一位 [目标语言，例如：英语、法语、日语] 母语人士，与我进行 [对话场景，例如：日常对话、商务会谈、旅游情景对话] 的练习。对话主题为 [对话主题]。请在对话中自然地纠正我的语法错误和发音问题，在对话结束后，总结我的口语表现，并给出改进建议。

（2）生成场景化背单词练习（词汇定向练习）

请使用以下词汇列表 [粘贴词汇列表，例如："innovation, technology, artificial, intelligence"] 或 [词汇难度范围，例如："托福 4000 核心词汇""雅思 5.5–6.5 水平词汇"] 创作一篇 [目标语言，例如：英语、法语、德语] 的阅读文章，主题为 [文章主题，例如："科技创新""环境保护""文化交流"]。文章长度约 [字数，例如：300 词、500 词]。请确保文章自然地融入所给词汇，并附在文章后。

（3）词汇和语法练习（语言基础练习）

我想练习 [目标语言，例如：英语、西班牙语、德语] 的 [语法点，例如：动词变位、名词词性、时态]。请生成 [数量，例如：10 道、15 道] 针对 [语法点] 的练习题，题型多样化（例如：选择题、填空题、句子改错）。请提供答案和语法解析。

（4）写作练习与润色（写作能力提升）

我写了一篇关于 [写作主题，例如："我的家乡""环境保护""未来科技"] 的 [目标语言，例如：英文、法文、日文] 作文 [粘贴作文文本]。请帮我润色和修改这篇作文，重点关注语法错误、用词准确性、表达流畅度，以及文化表达的恰当性。请提供修改后的作文版本，并简要说明修改之处。

（5）翻译练习（语言转换能力）

请将以下 [源语言，例如：中文、英文、法文] 文本 [粘贴文本] 翻译成 [目标语言，例如：英文、中文、日文]，力求翻译准确、流畅、自然。翻译风格可以根据文本类型进行调整，例如：正式文本使用正式风格，口语文本使用口语风格。

（6）文化习俗讲解（语言文化学习）

请给我讲解 [国家 / 地区，例如：法国、日本、巴西] 的 [文化习俗方面，例如：餐桌礼仪、节日习俗、商务礼仪]。请详细介绍 [文化习俗方面] 的来龙去脉、具体表现及注意事项，帮助我更好地了解 [国家 / 地区] 的文化。请使用生动有趣的语言，并结合案例进行讲解。

5）研究与教育资料摘要（师生通用）

（1）学术论文摘要（快速了解研究内容）

请阅读以下学术论文 [粘贴论文全文或论文链接]，并为我生成一份 [字数] 字左右的论文摘要，概括论文的核心内容。摘要应包含论文的研究背景、研究目的、研究方法、主要研究结果，以及论文结论。请使用学术化的语言，并突出论文的创新点和贡献。

（2）书籍章节内容摘要（高效阅读）

请阅读以下书籍章节内容 [粘贴书籍章节文本]，并为我生成一份 [字数] 字左右的章节内容摘要，提炼章节的核心思想和主要论点。摘要应结构清晰、逻辑严谨，方便我快速掌握章节内容。

（3）新闻报道内容摘要（获取新闻要点）

请阅读以下新闻报道 [粘贴新闻报道文本或新闻链接]，并为我生成一份简洁的新闻摘要，概括新闻报道的核心事件、关键人物及事件影响。摘要应客观、准确、精炼，方便我快速了解新闻事件的要点。

（4）生成知识点总结（复习备考）

请为 [学科，例如：物理学、历史学、经济学] 的 [知识点范围，例如：力学、二战史、宏观经济学] 生成一份详细的知识点总结，方便我复习备考。知识点总结应包含核心概念解释、重要公式定理、典型例题分析及记忆技巧。请将知识点总结按照逻辑关系进行结构化组织。

（5）对比不同资料观点（多角度理解问题）

请对比分析以下两份资料 [粘贴资料 1 文本，粘贴资料 2 文本] 关于 [研究 / 讨论主题，例如："AI 的伦理问题""全球气候变化的影响""经济全球化的利弊"] 的观点，并总结两份资料的共同点和不同点。分析结果应客观、全面、深入，帮助我多角度理解 [研究 / 讨论主题]。请将对比分析结果整理成表格形式。

在教育领域构造 DeepSeek 提示词的要点指南如下：

◎ **角色扮演**：善用"扮演……"角色，例如"家庭教师""质量评估专家"，让 DeepSeek 更专注于教育场景的专业输出。

◎ **明确学生所处年级和学科**：在提示词中明确指定年级和学科，确保 DeepSeek 生成的内容难度和深度适宜。

◎ **结构化输出**：要求 DeepSeek 将答案、解析、总结等内容进行结构化组织，例如使用要点列表、表格、Markdown 格式，方便阅读和使用。

◎ **详细指令**：尽可能详细地描述你的需求，例如，题型要求、反馈重点、评价维度、摘要字数等，减少模型理解偏差，提高生成质量。

◎ **关键词引导**：使用"解释""解答""生成""评估""总结""练习"等教育场景常用关键词，引导 DeepSeek 专注于教育任务。

◎ **迭代优化**：教育是一个个性化需求很强的领域，初次生成结果可能需要调整。不断尝试修改提示词，微调指令，与 DeepSeek 进行多轮对话，才能找到最适合你的教育应用方案。

教育的未来，AI 赋能：DeepSeek 在教育领域的应用潜力远不止于此。随着技术的不断发展，我们有理由相信，DeepSeek 将在个性化学习、教育公平、教师赋能等方面发挥越来越重要的作用，与人类共同塑造教育的未来！

11. DeepSeek 在医疗健康领域有哪些应用前景？▷

DeepSeek 在医疗健康领域拥有令人振奋的应用前景，如图 3-24 所示。它能处理和理解海量医学知识，并进行复杂的推理，这为辅助医生、加速科研、提升患者服务质量带来了革命性的潜力。DeepSeek 在医疗健康领域的应用前景如下：

◎ **辅助诊断**：包括疾病诊断辅助、医学影像分析、病理报告解读、基因检测结果解读、多模态数据融合诊断等。

◎ **药物研发**：包括药物靶点发现、药物分子设计与优化、老药新用、临床试验设计与优化、药物不良反应预测与监测等。

◎ **患者管理与健康管理**：包括智能问诊与分诊、个性化健康管理、慢病管理与随访、心理健康支持、康复指导与居家护理等。

◎ **医疗知识服务与教育**：包括医学知识库构建与检索、医学文献解读与摘要、医学教育与培训、患者健康科普等。

以下提示词示例旨在引导 DeepSeek 模型在医疗健康领域不同场景中提供更精准、更有价值的回复。读者可以根据具体需求进行调整和优化。

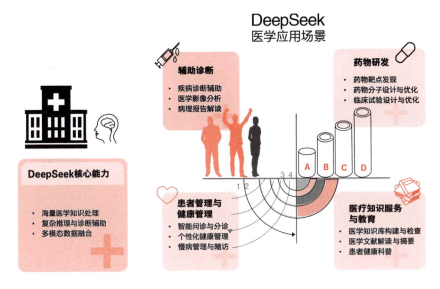

图 3-24

1）辅助诊断

（1）疾病诊断辅助

提示词

请你扮演一位经验丰富的内科医生，根据患者的[患者信息，例如：年龄、性别、主诉症状、病史、体格检查结果、初步检验报告]，进行鉴别诊断，并给出最可能的诊断结果（Top 3），以及每个诊断结果的依据和下一步检查建议。请使用专业的医学术语，并解释诊断思路。

患者，男性，55 岁，主诉：持续性胸痛 3 天，伴有呼吸困难、大汗淋漓。病史：高血压病史 10 年，吸烟史 30 年。体格检查：血压 160/100mmHg，心率 110 次/分，心音 S3 奔马律。心电图示 ST 段抬高。请分析患者的症状、体征和检查结果，初步诊断最可能是什么疾病，并解释诊断依据和需要排除的鉴别诊断。

请分析以下检验检查报告：[提供检验检查报告文本，例如：血常规、生化全套、心肌酶谱、胸部 X 光片报告]。结合临床症状 [提供患者症状描述，例如：发热、咳嗽、咳痰]，辅助诊断患者可能患有的疾病，并给出诊断建议和进一步检查方向。

（2）医学影像分析

请你扮演一位放射科医生，分析以下胸部 CT 影像报告：[提供胸部 CT 影像报告文本]。重点关注肺部，识别是否存在肺结节、肺部阴影、胸腔积液等异常征象，并描述异常征象的位置、大小、密度、形态等特征，初步判断病灶的良/恶性可能性，并给出影像诊断意见和建议的临床处理。

请分析以下乳腺钼靶影像报告：[提供乳腺钼靶影像报告文本]。识别是否存在乳腺肿块、钙化灶、结构扭曲等异常征象，并评估乳腺 BI-RADS 分级，给出影像诊断结论和建议的随访或进一步检查。

请分析以下脑部 MRI 影像报告：[提供脑部 MRI 影像报告文本]。识别是否存在脑梗塞、脑出血、脑肿瘤等病变，描述病变的部位、大小、形态、信号特征等，初步判断病变的性质，并给出影像诊断意见和建议的临床处理。

（3）病理报告解读

请你扮演一位病理科医生，解读以下胃镜活检病理报告：[提供胃镜活检病理报告文本]。分析病理报告的描述性诊断和诊断结论，判断是否存在胃炎、胃溃疡、胃癌等病变，解释病理诊断的意义，并给出病理诊断意见和建议的临床处理。

请解读以下肺穿刺活检病理报告：[提供肺穿刺活检病理报告文本]。分析病理报告的免疫组化结果和分子病理检测结果，判断肺肿瘤的组织学类型和分子分型，解释病理诊断对靶向治疗和免疫治疗的指导意义，并给出病理诊断意见和建议的临床处理。

请分析以下淋巴结活检病理报告：[提供淋巴结活检病理报告文本]。识别是否存在淋巴瘤、淋巴结炎、转移性肿瘤等病变，判断淋巴瘤的类型和分级，解释病理诊断对预后评估和治疗方案选择的指导意义，并给出病理诊断意见和建议的临床处理。

（4）基因检测结果解读

请你扮演一位遗传咨询师，解读以下肿瘤基因 panel 检测报告：[提供肿瘤基因 panel 检测报告文本]。分析报告中的突变基因和突变类型，判断是否存在靶向药物治疗的潜在获益，评估患者的遗传风险，并给出基因检测解读意见和遗传咨询建议。

请解读以下孕妇无创 DNA 产前检测（NIPT）报告：[提供 NIPT 检测报告文本]。分析报告中的染色体非整倍体风险评估结果，判断胎儿患唐氏综合征、爱德华氏综合征、帕陶氏综合征等染色体疾病的风险，解释检测结果的意义，并给出遗传咨询建议和后续产前诊断建议。

请分析以下药物基因组学检测报告：[提供药物基因组学检测报告文本]。分析报告中药物代谢酶基因和药物靶点基因的基因型，预测患者对 [具体药物名称，例如：华法林、氯吡格雷] 的药物反应，解释基因检测结果对个体化用药的指导意义，并给出药物基因组学解读意见和用药建议。

2）药物研发

（1）药物靶点发现

请分析 [疾病名称，例如：阿尔茨海默病] 的疾病机制和相关通路，挖掘潜在的药物靶点，解释选择这些靶点的依据和潜在的治疗价值，并推荐 Top 5 最值得研究的药物靶点。

请分析 [蛋白质名称，例如：PD-1] 的生物学功能和作用机制，评估以 [蛋白质名称，例如：PD-1] 为靶点进行肿瘤免疫治疗的可行性和潜在优势，并预测未来肿瘤免疫治疗的发展趋势。

请分析 [基因名称，例如：EGFR] 的基因变异与 [疾病名称，例如：非小细胞肺癌] 的关系，挖掘以 [基因名称，例如：EGFR] 为靶点的靶向药物研发的潜在机会，并推荐 Top 3 最值得开发的靶向药物类型。

（2）药物分子设计与优化

请你扮演一位药物化学家，设计一种新型小分子药物，靶向 [药物靶点名称，例如：EGFR]，用于治疗 [疾病名称，例如：非小细胞肺癌]。设计的药物分子需要满足以下特性：[药物特性要求，例如：高选择性、高活性、低毒性、良好的口服吸收性]，并提供药物分子的化学结构式和合成路线的初步设计方案。

请优化以下药物分子结构：[提供药物分子 SMILES 或 InChI]，提高药物的 [药物特性，例如：水溶性、生物利用度、靶点选择性]，预测优化后药物分子的活性和毒性，并提供优化后药物分子的化学结构式和优化依据。

请评估药物分子 [提供药物分子 SMILES 或 InChI] 作为 [疾病名称，例如：阿尔茨海默病] 治疗药物的潜力，分析药物分子的靶点结合能力、ADME 性质、潜在毒性等，并给出药物分子的优势和不足，以及进一步优化的建议。

（3）老药新用

请分析已上市药物 [药物名称，例如：阿司匹林] 的分子机制、临床数据和文献信息，挖掘该药物在 [新适应症领域，例如：肿瘤预防、神经退行性疾病治疗] 的潜在应用价值，并评估其临床转化的可行性和潜在风险。

请筛选已上市药物中，可能对 [疾病名称，例如：诺如病毒感染] 有效的药物，分析筛选出的药物的作用机制和现有临床数据，并推荐 Top 5 最值得进行临床试验验证的老药新用候选药物。

请比较 [药物名称 1，例如：二甲双胍] 和 [药物名称 2，例如：瑞格列奈] 两种药物在 [疾病名称，例如：2 型糖尿病] 治疗中的优势和劣势，分析它们的作用机制、临床疗效、不良反应和适用人群，并给出临床用药建议。

(4)临床试验设计与优化

请你扮演一位临床试验设计师,设计一项 [药物名称,例如:新型抗癌药物] 治疗 [疾病名称,例如:晚期肺癌] 的 [临床试验类型,例如:III 期临床试验] 方案,方案应包括试验目的、试验设计、受试者入排标准、分组方法、干预措施、终点指标、样本量估算、统计分析方法、伦理考虑等要素,并确保试验设计科学、严谨、可行。

请评估以下临床试验方案:[提供临床试验方案概要或详细方案]。分析方案的科学性、合理性、可行性,指出方案可能存在的缺陷和不足,并提出具体的改进建议,例如优化试验设计、终点指标、统计分析方法等。

请优化以下临床试验的受试者入排标准:[提供临床试验方案中受试者入排标准]。扩大受试者入组范围,提高患者招募效率,同时确保入组患者的代表性和试验结果的可靠性,并提供优化后的受试者入排标准和优化依据。

(5)药物不良反应预测与监测

请分析药物 [药物名称,例如:化疗药物顺铂] 的已知不良反应,预测该药物可能存在的新的不良反应,评估这些不良反应的发生风险和严重程度,并给出临床用药安全建议和不良反应监测方案。

请监测上市后药物 [药物名称,例如:某降压药] 的不良反应,分析近期不良反应报告和社交媒体舆情,识别可能存在的新的不良反应信号,评估这些信号的强度和可信度,并给出药物安全风险评估报告和监管建议。

请比较 [药物名称1,例如:阿托伐他汀] 和 [药物名称2,例如:瑞舒伐他汀] 两种同类药物的不良反应谱,分析它们在常见不良反应和罕见不良反应方面的差异,并给出临床用药选择建议,指导医生根据患者情况选择更安全的药物。

3）患者管理与健康管理

（1）智能问诊与分诊

请你扮演医院的一位智能分诊机器人，接待一位主诉[患者主诉症状，例如：发热、咳嗽、咽痛]的患者，询问患者的基本信息、症状特点、伴随症状、病史等，初步判断患者可能患有的疾病，并告诉患者应该挂哪个科室的号进行就诊。

用户描述："我最近总是感觉头晕、乏力，有时候还会心慌，不知道是怎么回事"，请模拟智能问诊系统，主动询问用户更详细的症状信息（例如：头晕的特点、发作时间、伴随症状、既往病史等），初步评估用户的健康状况，并告诉用户应该如何就诊。

请根据以下患者的症状描述：[提供患者症状描述文本，例如："腹痛，位于上腹部，呈持续性钝痛，饭后加重，伴有恶心、反酸"]，分析患者可能患有的消化系统疾病，并给出可能的疾病诊断（Top 3）和建议就诊科室。

（2）个性化健康管理

请根据以下用户的健康数据：[提供用户健康数据，例如：年龄、性别、身高、体重、血压、血糖、血脂、运动量、饮食习惯]，为用户评估当前的健康状况，指出存在的健康风险，提供个性化的健康管理建议，包括饮食建议、运动建议、生活习惯建议等，并量化建议的可执行性，例如："建议每周进行至少150分钟中等强度有氧运动"。

请为[特定人群，例如：40岁以上女性]设计一份个性化健康体检方案，方案应包括体检项目、体检频率、注意事项、体检报告解读要点等，解释每个体检项目的意义和目的，并强调定期体检的重要性。

请根据用户的基因检测结果：[提供基因检测报告摘要或基因型信息]，为用户评估患[疾病名称，例如：乳腺癌、糖尿病、高血压]的遗传风险，并提供个性化的疾病预防建议，包括生活方式干预、定期筛查、药物预防等。

（3）慢病管理与随访

请你扮演一位糖尿病管理师，为一位 [糖尿病类型，例如：2 型糖尿病] 患者制定一份个性化血糖管理方案，方案应包括饮食控制建议、运动指导建议、药物治疗方案、血糖监测计划、低血糖预防措施等，并强调患者自我管理的重要性。

请为 [高血压病] 患者设计一份居家血压监测和管理计划，计划应包括血压监测时间、血压记录方法、血压异常情况处理流程、生活方式干预建议、复诊随访提醒等，并指导患者正确测量血压和记录血压值。

请为 [哮喘] 患者设计一份长期管理和随访方案，方案应包括哮喘控制目标、日常用药指导、急性发作处理流程、环境控制建议、定期复诊计划、病情监测指标等，并强调患者长期规范治疗的重要性。

（4）心理健康支持

用户倾诉："我最近工作压力很大，经常失眠、焦虑，感觉情绪很低落"，请使用 DeepSeek 模拟心理咨询师，倾听用户的倾诉，理解用户的情绪，提供一些简单易行的心理疏导建议，例如放松技巧、压力管理方法、积极心理暗示等，并建议用户寻求专业的心理咨询或治疗。

请为 [特定人群，例如：青少年、老年人、孕产妇] 设计一份心理健康自助手册，手册应包含常见心理健康问题、心理压力来源、心理调适方法、心理求助资源等内容，并提供一些简单易行的心理健康自助方法，例如正念冥想、情绪日记、积极社交等。

请评估以下用户的心理健康状况：[提供用户心理健康问卷调查结果或心理状态描述]。识别用户可能存在的心理健康风险，例如抑郁、焦虑、应激障碍等，并给出相应的心理支持建议和心理求助资源。

（5）康复指导与居家护理

请为 [手术类型，例如：膝关节置换术] 后的患者设计一份居家康复指导方案，方案应包括术后早期康复指导、中期康复训练计划、长期康复注意事项、居家护理要点、复诊随访提醒等，并详细说明每个阶段的康复目标和训练方法。

请为 [疾病类型，例如：脑卒中] 后出院回家的患者设计一份居家护理指导手册，手册应包含日常生活照护指导、饮食营养指导、运动康复指导、并发症预防、紧急情况处理、家属支持资源等内容，并强调家属居家护理的注意事项和重要性。

请为 [骨折类型，例如：桡骨远端骨折] 患者设计一份骨折愈合期康复训练计划，计划应包括康复训练阶段划分、每个阶段的康复目标、具体的康复训练动作、训练频率、训练强度、注意事项等，并配上康复训练动作的图文或视频指导（如果可能）。

4）医疗知识服务与教育

（1）医学知识库构建与检索

请构建一个 [医学领域，例如：心血管疾病] 的医学知识库，知识库应包含疾病定义、病因、发病机制、临床表现、诊断标准、治疗方法、预防措施、最新研究进展等信息，并提供关键词智能检索功能，方便用户快速查询所需医学知识。

请整理关于 [药物名称，例如：阿托伐他汀] 的医学知识，构建一个药物知识图谱，知识图谱应包含药物基本信息、作用机制、适应症、禁忌症、不良反应、药物相互作用、临床应用指南、最新研究进展等，并可视化呈现知识图谱。

用户提问："什么是高血压？高血压的诊断标准是什么？"请从医学知识库中检索相关知识，并用简洁明了、通俗易懂的语言回复用户，并引导用户继续提问或深入了解相关知识。

（2）医学文献解读与摘要

请快速阅读以下医学文献：[提供医学文献 PDF 或文本]。总结文献的核心观点、研究方法、实验结果、主要结论，提炼文献的创新之处和局限性，并生成一份文献解读报告，字数控制在 500 字以内。

请对比分析以下两篇医学文献：[提供两篇医学文献的 PDF 或文本]，比较它们在研究目的、研究方法、研究结果、研究结论方面的异同，指出两篇文献的优势和不足，并给出你的文献分析报告。

请针对以下医学文献：[提供医学文献 PDF 或文本]，回答以下问题：[列出问题列表，例如：该研究的样本量是多少？主要研究终点是什么？实验组和对照组的干预措施是什么？研究结果是否具有统计学意义？]，在答案中引用文献原文，并提供文献原文出处。

（3）医学教育与培训

请你扮演一位医学教授，为医学生讲解[疾病名称，例如：心肌梗死]的发病机制、临床表现、诊断流程和治疗原则，讲解内容需要深入浅出、重点突出、逻辑清晰，结合临床案例进行说明，并准备一份PPT讲义。

请为[医学考试类型，例如：执业医师资格考试]设计一套[科目，例如：内科学]的模拟试题，试题类型包括单选题、多选题、病例分析题、问答题，提供每道题的参考答案和解析，并评估试题的难度和覆盖范围。

请构建一个[医学技能培训，例如：心肺复苏术（CPR）]的虚拟仿真训练场景，场景应包括模拟病人、操作步骤提示、操作评估反馈等，并提供详细的操作指南和训练教程。

（4）患者健康科普

请将[疾病名称，例如：高血压]的医学知识转化为通俗易懂的科普文章，文章应包含高血压的定义、高血压的危害、高血压的预防方法、高血压的治疗误区、高血压患者的日常注意事项等内容，使用生动形象的语言和案例进行说明，并配上相关的图片或插画（如果可能）。

请为[特定人群，例如：孕妇、儿童、老年人]制作一份[健康主题，例如：合理膳食、科学运动、心理健康、疾病预防]的健康科普宣传册，宣传册应包含核心知识点、实用技巧、注意事项、常见误区、健康生活建议等内容，使用图文并茂的形式呈现，并提供宣传册的电子版和打印版（如果可能）。

请将[医学研究进展，例如：肿瘤免疫治疗的最新进展]转化为面向公众的科普短视频脚本，脚本应包含研究背景介绍、研究成果亮点、研究意义解读、未来发展展望等内容，使用生动有趣的语言和视觉元素，时长控制在3分钟以内，并提供视频分镜头脚本和解说词。

在医疗保健领域构造 DeepSeek 提示词的要点指南如下：

◎**角色扮演**：在提示词中明确指定 DeepSeek 扮演的医疗专业角色（医生、影像科医生、药剂师等），以获得更专业的输出。

◎**明确医学任务**：清晰描述你的医疗健康领域任务，例如诊断疾病、研发药物、生成患者教育材料、优化医疗管理流程等。

◎**提供详细医学信息**：尽可能提供详细的患者症状描述、病历信息、药物作用描述、医学影像报告等，帮助 DeepSeek 更准确地理解你的需求。

◎**强调专业性和准确性**：在提示词中突出"专业""准确""可靠"等关键词，引导 DeepSeek 生成更符合医疗行业规范和伦理要求的内容。

◎**结构化输出**：要求 DeepSeek 将诊断建议、治疗方案、药物信息、报告内容等进行结构化组织，例如使用 bullet point、表格、Markdown 格式，方便医生和患者阅读和使用。

◎**风险提示**：在涉及诊断、治疗等关键医疗决策的场景下，务必在输出结果中加入风险提示，强调 DeepSeek 的辅助性质，最终决策仍需由专业医务人员做出。

医疗健康，AI 赋能，人文关怀：DeepSeek 在医疗健康领域的应用，最终目标是提升医疗质量、改善患者体验、促进医学进步。在使用 DeepSeek 的同时，我们更要始终坚持以人为本、人文关怀的理念，让科技更好地服务于人类健康！

12. DeepSeek 在金融领域有哪些应用场景？

DeepSeek 在金融领域拥有巨大的应用潜力，能赋能多种业务场景，如图 3-25 所示。DeepSeek 在金融领域的典型应用场景如下：

◎**风险评估与管理类**：包括信用风险评估、市场波动预测、操作异常检测等。

◎**智能客服类**：包括个性化推荐、意图识别、情绪分析等。

◎**反欺诈与异常检测类**：包括交易模式识别、身份核验、洗钱风险监测等。

◎**投资研究与交易辅助类**：包括复杂数据分析、实时风险建模、量化交易策略开发等。

◎ **监管合规类**：包括政策解读、数据治理、审计自动化等。

以下提示词示例旨在引导 DeepSeek 在金融领域不同场景中提供更精准、更有价值的回复。读者可以根据具体需求进行调整和优化。

图 3-25

1）风险评估与管理类

（1）信用风险评估

请分析以下客户的贷款申请信息：[客户信息，例如：年龄、收入、职业、信用评分、负债情况、银行流水摘要]。从信用评分、收入稳定性、负债水平等方面评估其信用风险，并给出风险等级（高、中、低）和详细的风险分析报告，包括可能存在的风险点和建议的风险缓解措施。

假设你是一名资深信贷审批员，请根据以下客户的企业贷款申请资料：[企业资料，例如：企业经营年限、行业、财务报表摘要、主要股东信息]，评估该企业的还款能力和违约风险，给出贷款审批建议（批准／拒绝／补充资料），并详细说明你的判断依据。

请分析以下用户的信用卡交易记录：[交易记录，例如：交易时间、地点、金额、商户类型]。识别是否存在信用卡盗刷风险或洗钱风险，并给出风险预警和建议的风险控制措施。

（2）市场风险分析

请分析近期 [金融市场，例如：股票市场、债券市场、外汇市场] 的市场数据和新闻资讯，预测未来一周的市场波动风险，并给出投资建议，例如建议配置的资产类别和比例，以及风险提示。

请分析近期 [行业板块，例如：新能源、科技、医药] 的行业研报和市场数据，评估该行业板块的投资价值和风险，给出投资评级（买入／持有／卖出），并详细说明你的分析逻辑和依据。

请监控 [金融资产，例如：股票代码、基金代码、期货合约代码] 的实时市场数据和社交媒体舆情，识别潜在的市场风险事件，并给出风险预警和应对建议。

（3）操作风险识别

请分析以下银行柜台操作日志：[操作日志摘要，例如：操作时间、操作人员、操作类型、操作对象]。识别是否存在异常操作行为，例如违规操作、错误操作等，并给出风险预警和改进建议。

请分析以下保险理赔申请资料：[理赔申请资料摘要，例如：客户信息、保险产品、事故描述、医疗证明]。识别是否存在欺诈理赔风险，并给出风险评估报告和建议的调查方向。

请分析以下金融机构的内部控制制度文件：[制度文件摘要，例如：制度名称、发布日期、主要内容]。评估该机构的内部控制体系是否健全有效，并指出可能存在的内部控制缺陷和改进建议。

（4）合规风险监控

请监控近期 [金融监管机构，例如：中国人民银行、银保监会、证监会] 发布的监管政策文件，解读最新监管政策的变化和影响，并给出金融机构的合规建议。

请监控 [金融机构名称] 的社交媒体舆情和新闻报道，识别潜在的声誉风险和合规风险，并给出风险预警和应对建议。

请分析以下金融机构的合规数据：[合规数据摘要，例如：违规事件记录、投诉记录、审计报告摘要]。评估该机构的合规风险水平，并给出合规改进建议。

2）智能客服与客户服务类

（1）智能问答

请作为一名专业的银行客服，回答客户关于 [银行产品或服务，例如：信用卡申请条件、贷款利率、存款利率、转账流程] 的咨询问题。请确保回答准确、及时、专业、友好。

客户提问："我的信用卡账单日是哪天？最低还款额是多少？"请模拟银行智能客服，用简洁明了的语言回复客户，并引导客户使用银行 App 或官网查询更详细的账单信息。

请构建一个金融知识库问答系统，主题为 [金融知识领域，例如：基金投资、股票交易、保险产品]。用户提问："什么是基金定投？适合哪些人群？"请从知识库中检索答案，并用通俗易懂的语言回复用户。

（2）个性化推荐

请根据以下客户的投资偏好和风险承受能力：[客户偏好信息，例如：投资目标、风险偏好、投资期限、偏好资产类别]，为客户推荐 3~5 款合适的 [金融产品类型，例如：基金、理财产品、保险产品]，并详细说明推荐理由和产品特点。

请分析以下用户的历史交易记录和浏览行为：[用户行为数据摘要，例如：购买记录、浏览产品、关注板块]。预测用户可能感兴趣的 [金融产品类型,例如:股票、基金、保险],并给出个性化产品推荐列表。

请为新注册用户设计一份个性化金融产品推荐方案,假设用户是 [用户画像,例如:25岁,单身,月收入1万元,风险偏好中等]。推荐方案应包括 [产品类型,例如:储蓄产品、投资产品、保险产品],并说明推荐理由和适用场景。

（3）客户意图识别

请分析以下客户的客服对话内容:[对话内容]。判断客户的咨询意图是 [意图类型,例如:投诉、咨询、建议、表扬],并给出相应的处理建议,例如转接人工客服、提供解决方案、记录客户建议等。

请分析以下客户在社交媒体上发布的金融服务相关评论:[评论内容]。判断客户的情绪倾向是 [情绪类型,例如:正面、负面、中性],并识别客户评论的核心诉求和关注点。

请构建一个智能客服意图识别模型,用于识别客户在金融客服对话中的常见意图,例如 [意图类型列表,例如:账户查询、业务办理、投诉建议、产品咨询],并对以下客户对话进行意图分类:[对话内容]。

（4）情绪分析与客户关怀

请分析以下客户的客服语音录音:[语音录音文本或音频特征]。识别客户的情绪状态是 [情绪类型,例如:愤怒、焦虑、满意、平静],并给出客服人员的情感化沟通建议,例如安抚情绪、表达理解、提供帮助等。

请分析以下客户的在线客服对话记录:[对话记录]。判断客户在对话过程中的情绪变化趋势,并识别客户情绪转折点和关键对话内容。

请构建一个客户情绪分析模型,用于实时监控金融客服对话中的客户情绪,对以下客户对话进行情绪分析:[对话内容]。根据情绪分析结果,触发相应的客户关怀策略,例如主动提供帮助、赠送优惠券等。

构造金融领域 DeepSeek 提示词的要点指南如下:

◎ **明确金融领域**:在提示词中明确指出金融领域,例如银行、保险、证券、基金等,以便模型更好地理解业务背景和专业术语。

- ◎ **细化应用场景**：根据实际需求，在提示词中细化应用场景，例如信用风险评估、智能问答、交易欺诈检测等，以便模型更有针对性地提供服务。
- ◎ **提供数据样本**：在提示词中尽可能提供数据样本，例如客户信息、交易记录、研报摘要、客服对话内容等，以便模型更好地理解输入数据格式和分析目标。
- ◎ **设定输出目标**：在提示词中明确设定输出目标，例如风险等级、投资建议、客户意图、情绪状态等，以便模型更好地组织输出结果和满足用户需求。
- ◎ **结合业务需求**：将提示词与具体的金融业务需求相结合，例如提升信贷审批效率、优化客户服务体验、降低欺诈风险等，以便模型更好地发挥应用价值。

通过使用以上提示词示例，并根据实际需求进行调整和优化，可以更有效地将DeepSeek应用于金融领域，提升金融服务效率，降低风险，改善客户体验。请注意，AI模型的金融分析和建议仅供参考，不能替代专业的金融从业人员的判断和决策。在进行重大金融决策时，建议咨询专业金融顾问的意见。

13. DeepSeek在法律领域有哪些应用价值？ ▶▶

DeepSeek在法律领域具有广泛的应用价值，尤其在法律咨询和合同审查等领域能显著提升效率和质量，如图3-26所示。DeepSeek在法律领域的应用价值如下：

- ◎ **法律咨询类**：包括初步法律问题咨询（如婚姻家庭咨询、劳动争议咨询、消费者权益咨询、合同纠纷咨询等）、案例分析与初步建议、法律信息检索与整理、法律风险评估等。
- ◎ **合同审查类**：包括通用合同审查、具体合同类型审查、合同条款审查、合同要素核对、合同法律风险评估、合同模板生成与优化等。
- ◎ **法律研究类**：包括法律法规解读、案例检索与分析、法律趋势预测、法律文书辅助写作等。
- ◎ **教育培训类**：包括法律知识普及、法律学习辅助、法律培训内容生成等。

以下提示词示例旨在引导DeepSeek模型在法律咨询和合同审查等场景中提供更精准、更有价值的回复。读者可以根据具体需求进行调整和优化。

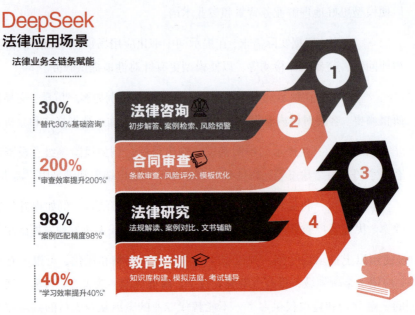

图 3-26

1）法律咨询类

（1）婚姻家庭咨询

我正在考虑离婚，请根据中国《民法典》婚姻家庭编，详细解释离婚的法定条件和程序，并说明夫妻共同财产的范围和分割原则。请用简洁明了的语言，并举例说明。

我的伴侣出轨了，请问我是否可以起诉离婚？如果可以，需要准备哪些证据？离婚后孩子抚养权会如何判决？请结合相关法律法规和案例进行分析。

（2）劳动争议咨询

我在工作中受伤，被认定为工伤，请问我可以享受哪些工伤保险待遇？包括医疗费、伤残补助金等，请详细列举并说明申请流程。

（3）消费者权益咨询

我办理了一张预付卡，现在商家倒闭了，卡里的钱无法退回，请问我该如何追回损失？预付卡消费存在哪些法律风险？消费者应该如何防范？

（4）合同纠纷咨询

我与一家公司签订了销售合同，但对方未按合同约定付款，已经逾期三个月，请问我应该如何追讨欠款？我可以采取哪些法律措施？例如起诉、仲裁等，请分析各种方式的优缺点。

2）合同审查类

（1）通用合同审查

请审查以下[合同类型]合同，重点关注[关注点，例如：付款条款、违约责任、争议解决方式]，识别合同中可能存在的法律风险和不公平条款，并提出修改建议。请用简洁专业的语言描述，并标注风险等级（高、中、低）。

请详细审查以下[合同类型]合同，从法律角度评估合同的合法性、合规性、有效性，并分析合同条款的完整性、严谨性、清晰性，最终形成一份详细的合同审查报告，包括风险提示和修改建议。

请作为一名资深律师，审查以下[合同类型]合同，假设我是[合同相关方，例如：买方、卖方、承租人]，请站在我的角度，评估合同对我方是否有利，是否存在潜在风险，并提出对[对方]有利但对我方不利的条款的修改建议。

（2）具体合同类型审查

房屋租赁合同审查：

请审查以下房屋租赁合同：[合同文本]，重点关注租金支付方式、租赁期限、房屋用途、维修责任、违约责任等条款，识别对承租人不利的条款，并提出修改建议，例如建议增加[具体建议，例如：提前解约条款、优先续租权等]。

劳动合同审查：

 请审查以下劳动合同：[合同文本]，重点关注工作内容和地点、工作时间和休息休假、劳动报酬、社会保险和福利、劳动保护和劳动条件、劳动合同期限、解除和终止劳动合同的条件、违约责任等条款，识别对劳动者不利的条款，并提出修改建议，例如建议明确 [具体建议，例如：加班费计算标准、年终奖发放规则等]。

买卖合同审查：

 请审查以下买卖合同：[合同文本]，重点关注标的物描述、质量标准、交付方式和期限、价款支付方式和期限、所有权转移、风险承担、违约责任等条款，识别对买方不利的条款，并提出修改建议，例如建议增加 [具体建议，例如：质量异议期、验收标准等]。

法律领域构造 DeepSeek 提示词的要点指南如下：

◎**明确合同类型**：在提示词中明确指出需要审查的合同类型，例如房屋租赁合同、劳动合同、买卖合同等，以便模型更好地理解合同背景和审查重点。

◎**突出审查重点**：根据实际需求，在提示词中明确指出需要重点关注的合同条款，例如付款条款、违约责任、争议解决方式等，以便模型更有针对性地进行审查。

◎**设定角色和立场**：在提示词中设定角色和立场，例如"作为一名资深律师""假设我是买方"，以便模型从特定角度进行合同评估和风险分析。

◎**提出具体修改建议需求**：在提示词中明确提出需要模型提供修改建议，并可以进一步要求模型针对特定条款提出具体的修改建议，例如"建议增加提前解约条款""建议明确加班费计算标准"等。

◎**结合具体案例**：如果用户有具体的案例背景，可以在提示词中加入案例描述，以便模型更好地理解用户需求，并提供更贴合实际的法律咨询和合同审查意见。

通过使用以上提示词示例，并根据实际需求进行调整和优化，可以更有效地将 DeepSeek 应用在法律领域，提升法律服务效率和质量。请注意，AI 模型的法律意见仅供参考，不能替代专业律师的法律服务。在涉及重大法律问题时，建议咨询专业律师的意见。

14. DeepSeek 在内容创作领域有哪些应用?

DeepSeek 在内容创作领域拥有广泛的应用,能极大地提升创作效率和内容质量,如图 3-27 所示。DeepSeek 在内容创作领域的应用场景如下:

◎ **文章写作类**:包括新闻报道、博客文章、营销文案、评论文章、科普文章、学术论文辅助等。

◎ **剧本创作类**:包括电影剧本、电视剧剧本、舞台剧剧本、游戏剧本、广告脚本等。

◎ **创意内容生成类**:包括故事创作、诗歌创作、歌词创作、笑话段子创作、文案润色与改写等。

◎ **多语言创作类**:包括多语言文章生成、多语言剧本创作、本地化内容创作等。

以下提示词示例旨在引导 DeepSeek 模型在内容创作领域提供更具创意、更符合需求的文本内容。读者可以根据具体创作目标进行调整和优化。

图 3-27

1）文章写作类

（1）新闻报道

请你扮演一位资深新闻记者，撰写一篇关于 [新闻事件主题，例如：2025 年全球气候峰会] 的新闻报道，要求报道内容客观、准确、及时，包含事件背景、关键信息、各方观点，并引用至少三个权威信源。文章字数控制在 800 字左右，语言风格简洁明了，适合新闻网站发布。

请根据以下信息 [提供新闻事件的简要信息，例如：时间、地点、人物、事件梗概]，撰写一篇突发新闻快讯，要求在 150 字以内，突出事件的 [重点要素，例如：最新进展、伤亡情况、影响范围]，语言风格简洁明了，适合社交媒体平台发布。

请撰写一篇深度调查报道，主题为 [社会热点问题，例如：城市养老困境]，要求深入分析问题现状、成因、影响，采访相关专家，提出可能的解决方案和建议。文章字数控制在 2000 字左右，语言风格严谨客观，适合杂志、期刊发表。

（2）博客文章

请你扮演一位旅行博主，撰写一篇关于 [旅行目的地，例如：澳大利亚悉尼] 的旅游攻略博客文章，要求文章内容实用、有趣、生动，包含景点介绍、交通指南、美食推荐、住宿建议、旅行注意事项等，并加入个人旅行体验和感受。文章字数控制在 1000 字左右，语言风格轻松活泼，适合旅行博客平台发布。

请撰写一篇科技评测博客文章，主题为 [科技产品，例如：最新款智能手机]，要求从产品外观设计、性能配置、拍照效果、用户体验等方面进行详细评测，给出优缺点分析和购买建议。文章字数控制在 1200 字左右，语言风格专业客观，适合科技博客平台发布。

请你扮演一位美食博主，撰写一篇关于 [美食主题，例如：在家自制健康早餐] 的美食博客文章，要求文章内容详细、易学、美味，包含食材清单、制作步骤、烹饪技巧、营养价值分析等，并配上精美图片。文章字数控制在 800 字左右，语言风格亲切温馨，适合美食博客平台发布。

（3）营销文案

请为[产品名称，例如：新款智能手表]撰写一篇产品介绍文案，突出产品的[核心卖点，例如：健康监测功能、时尚外观设计、超长续航能力]，目标受众为[目标用户群体，例如：年轻白领、运动爱好者]，文案风格简洁有力，字数控制在200字以内，适合电商平台产品详情页使用。

请为[品牌名称，例如：某咖啡品牌]撰写一句广告语，要求广告语简洁、易记、朗朗上口，突出品牌的[品牌特点，例如：高品质咖啡豆、独特烘焙工艺、舒适咖啡体验]，并能引发用户共鸣。广告语字数控制在15字以内，适合户外广告牌、社交媒体广告等使用。

请为[促销活动，例如：双十一购物节]撰写一篇促销文案，要求文案内容吸引眼球、激发购买欲望，突出活动的[促销力度，例如：折扣力度、优惠券、满减活动]，并包含活动时间、参与方式、购买链接等信息。文案风格热情奔放，字数控制在300字以内，适合社交媒体、电商平台等渠道推广。

（4）评论文章

请你扮演一位时事评论员，撰写一篇关于[时事热点事件，例如：某国大选结果]的评论文章，要求评论观点鲜明、逻辑清晰、论据充分，从[评论角度，例如：政治影响、经济影响、社会影响]等方面进行深入分析，并提出个人观点和预测。文章字数控制在1000字左右，语言风格犀利深刻，适合新闻评论版块发布。

请撰写一篇影评，评论电影[电影名称]，要求从[评论角度，例如：剧情、演员表演、导演手法、主题思想]等方面进行评价，给出客观公正的评分和推荐理由。文章字数控制在800字左右，语言风格生动有趣，适合电影评论网站发布。

请你扮演一位书评人，撰写一篇书评，评论书籍[书籍名称]，要求从[评论角度，例如：主题思想、人物塑造、写作风格、文学价值]等方面进行评价，给出客观公正的评分和推荐理由。文章字数控制在800字左右，语言风格优雅知性，适合读书类平台发布。

（5）科普文章

请你扮演一位科普作家，撰写一篇关于 [科学知识，例如：量子力学] 的科普文章，要求用通俗易懂的语言对复杂的科学知识进行解释，并结合生活实例进行说明，激发读者对科学的兴趣。文章字数控制在 1000 字左右，语言风格生动有趣，适合科普网站发布。

请撰写一篇关于 [健康知识，例如：预防感冒] 的科普文章，要求内容科学、实用、易懂，包含感冒的原因、症状、预防方法、治疗误区等，并给出健康生活建议。文章字数控制在 800 字左右，语言风格亲切自然，适合健康科普平台发布。

请你扮演一位科技博主，撰写一篇关于 [科技趋势，例如：AI 的未来发展] 的科普文章，要求从技术发展、应用前景、社会影响等方面进行分析，并展望 AI 的未来发展趋势。文章字数控制在 1200 字左右，前瞻性强，适合科技媒体平台发布。

2）剧本创作类

（1）电影剧本

请你扮演一位好莱坞编剧，创作一个 [电影类型，例如：科幻、爱情、动作、喜剧] 电影剧本的 [剧本元素，例如：故事梗概、人物设定、场景描述、精彩对白]，要求剧本情节跌宕起伏、人物形象鲜明、对白生动有趣，并具有一定的商业价值和艺术性。故事梗概字数控制在 500 字左右，人物设定和场景描述控制在 300 字左右，精彩对白不少于 5 段。

请创作一个关于 [电影主题，例如：环保、家庭、梦想、战争] 的电影剧本梗概，要求梗概包含故事背景、主要人物、核心冲突、剧情发展、结局设定等要素，并突出电影的主题和思想内涵。剧本梗概字数控制在 800 字左右。

请为一个 [电影角色，例如：超级英雄、侦探、反派、喜剧演员] 创作一段精彩的 [电影场景，例如：动作场景、爱情场景、悬疑场景、搞笑场景] 剧本，要求场景描写生动形象、动作指示清晰明确、人物对白符合角色性格，并能推动剧情发展。场景剧本字数控制在 500 字左右。

（2）电视剧剧本

请你扮演一位电视剧编剧，创作一部 [电视剧类型，例如：都市情感剧、古装剧、悬疑剧、职场剧] 的 [电视剧元素，例如：分集剧情梗概、主要人物关系图、电视剧主题曲歌词]，要求电视剧剧情紧凑、人物关系复杂、主题鲜明深刻，并具有一定的收视潜力。分集剧情梗概不少于 5 集，人物关系图需包含主要人物及关系描述，主题曲歌词需符合电视剧风格。

请为一个 [电视剧角色，例如：霸道总裁、职场精英、古代侠客、家庭主妇] 创作一段 [电视剧情节，例如：感情戏、职场戏、武打戏、家庭伦理戏] 剧本，要求情节设置合理、人物对话自然流畅、场景描写符合电视剧风格，并能吸引观众眼球。情节剧本字数控制在 600 字左右。

请根据 [电视剧背景设定，例如：古代宫廷、现代都市、未来世界、架空世界] 创作一部电视剧的 [电视剧世界观设定、主要人物设定、剧情主线]，要求世界观设定完整自洽、人物设定鲜明独特、剧情主线引人入胜，并能为电视剧后续创作提供基础。世界观设定、人物设定、剧情主线总字数控制在 1500 字左右。

（3）舞台剧剧本

请你扮演一位舞台剧编剧，创作一部 [舞台剧类型，例如：喜剧、悲剧、正剧、音乐剧] 的 [舞台剧元素，例如：剧本大纲、人物小传、舞台场景设计]，要求剧本结构完整、人物性格鲜明、舞台场景设计符合舞台表演特点，并具有一定的艺术性和观赏性。剧本大纲字数控制在 500 字左右，人物小传和舞台场景设计各控制在 300 字左右。

请为一个 [舞台剧角色，例如：国王、小丑、女主角、反派] 创作一段 [舞台剧对白，例如：独白、对手戏、群戏]，要求对白符合舞台剧表演风格、人物性格、剧情发展，并能展现舞台剧的戏剧冲突和艺术魅力。舞台剧对白不少于 5 段。

请创作一部 [舞台剧主题，例如：爱情、战争、社会、人性] 舞台剧的 [舞台剧主题曲歌词、舞台剧开场和结尾]，要求主题曲歌词优美动听、意境深远，舞台剧开场和结尾简洁有力、引人入胜，并能突出舞台剧

> 的主题和思想内涵。舞台剧主题曲歌词和舞台剧开场结尾总字数控制在 800 字左右。

内容创作领域构造 DeepSeek 提示词的要点指南如下。

◎ **明确内容类型**：在提示词中明确指出需要创作的内容类型，例如新闻报道、博客文章、电影剧本、舞台剧剧本等，以便模型更好地理解创作目标和风格。

◎ **细化创作主题**：根据实际需求，在提示词中细化创作主题，例如旅行攻略、科技评测、科幻电影、都市情感剧等，以便模型更有针对性地进行内容生成。

◎ **设定角色扮演**：在提示词中设定角色扮演，例如新闻记者、旅行博主、好莱坞编剧、舞台剧编剧等，以便模型从特定角度进行内容创作，提升内容的专业性和个性化。

◎ **限定内容要素**：在提示词中限定内容要素，例如字数、风格、信源、结构、人物设定、场景描述等，以便模型更好地控制内容输出，满足用户特定需求。

◎ **结合具体案例**：如果用户有具体的案例参考或灵感来源，可以在提示词中加入案例描述或参考信息，以便模型更好地理解用户期望，并提供更贴合用户需求的创作内容。

通过使用以上提示词示例，并根据实际需求进行调整和优化，可以更有效地在内容创作领域利用 DeepSeek 大语言模型，激发创作灵感，提升创作效率，并产出更高质量的文本内容。请注意，AI 模型生成的内容仅供参考，最终的内容质量和版权责任仍需由使用者负责。

15. DeepSeek 在电商和营销领域有哪些应用？

DeepSeek 在电商和营销领域拥有广泛的应用前景（如图 3-28 所示），能帮助企业提升运营效率、优化用户体验并实现更精准的营销。DeepSeek 在电商和营销领域的应用场景如下。

◎ **个性化用户体验类**：包括商品推荐、个性化营销、虚拟购物助手等。

◎ **智能客服自动化类**：包括智能客服、评论总结与情感分析等。

◎ **内容和文案创作类**：包括营销内容生成、商品描述优化等。

第3章　DeepSeek实战：掌握智能应用之道

◎ 营销和销售优化类：包括营销活动优化、动态定价、电商搜索优化等。

◎ 数据分析与洞察类：包括市场调研与分析、商品标签与分类、欺诈检测等。

图 3-28

以下提示词示例旨在引导 DeepSeek 模型在电商和营销领域不同场景中提供更精准、更有价值的回复。你可以根据具体需求进行调整和优化。

1）个性化用户体验类

（1）商品推荐

提示词	请你扮演一位电商平台的智能推荐系统，根据以下用户的 [用户行为数据，例如：最近浏览商品、加入购物车商品、购买历史、用户画像标签]，为该用户推荐 5~10 款可能感兴趣的 [商品品类，例如：女装、男鞋、家居用品]，并简要说明推荐理由，突出商品特点和用户匹配度。
	用户在浏览 [商品名称，例如：某品牌连衣裙] 的商品详情页，请为该用户推荐 3~5 款 [相似商品或搭配商品，例如：同品牌连衣裙、同风格连衣裙、搭配的鞋子或包包]，并说明推荐理由，引导用户进行关联购买。
	请根据用户的 [用户偏好描述，例如：喜欢简约风格、偏爱棉麻材质、关注环保品牌]，为用户推荐一个 [商品主题系列，例如：简约风女装系列、环保家居用品系列]，并生成一段吸引用户的推荐语，引导用户进入商品系列页面浏览。

(2)个性化营销

请根据以下用户画像:[用户画像描述,例如:28岁女性,白领,居住在一线城市,关注时尚穿搭,喜欢购买轻奢品牌],为该用户撰写一封个性化营销邮件,推广[上市新品,例如:某品牌春季新款女装],邮件内容需要突出新品的[卖点,例如:时尚设计、高品质面料、限时折扣],并引导用户点击链接查看详情并购买。

请为[电商平台名称]的[特定用户群体,例如:新注册用户、会员用户、复购用户]设计一条个性化短信营销文案,推广[促销活动,例如:"6·18"年中大促、会员日活动],文案需要简洁明了、突出优惠力度并包含活动参与方式和链接。

请根据用户的[用户行为数据,例如:最近购买的商品、参与的活动、领取的优惠券],为用户生成一个个性化的[优惠券或促销活动]推荐,并在[电商平台App首页或会员中心]进行展示,提升用户活跃度和复购率。

(3)虚拟购物助手

用户提问:"这款[商品名称,例如:某品牌笔记本电脑]有哪些颜色可选?"请你扮演一位虚拟购物助手,从商品信息中检索答案,并用简洁友好的语言回复用户,并引导用户查看商品详情页了解更多信息。

用户询问:"我想买一款适合送给女朋友的生日礼物,预算在500元左右,她平时喜欢[用户喜好,例如:精致的首饰、浪漫的香水、时尚的包包],你有什么推荐吗?"请你扮演一位虚拟购物助手,为用户推荐3~5款符合条件且适合作为生日礼物的商品,并说明推荐理由。

用户在浏览[商品品类,例如:连衣裙]商品列表页,并表示"款式太多了,不知道怎么选",请你扮演一位虚拟购物助手,引导用户缩小选择范围,例如询问用户偏好的[风格、颜色、价格区间],并根据用户的选择提供更精准的商品推荐。

2）智能客服自动化类

（1）智能客服

请你扮演一位电商平台的智能客服，回答用户关于 [订单问题，例如：订单状态查询、订单修改、订单取消] 的咨询。请确保回答准确、及时、专业、友好，并引导用户自助解决问题或转接人工客服。

用户询问："我的订单 [订单号] 什么时候发货？"请模拟电商平台智能客服，从订单信息中检索订单状态和物流信息，用简洁明了的语言回复用户，并告知用户查询物流详情的方式。

用户咨询："我对 [商品名称，例如：某品牌护肤套装] 的成分和功效不太了解，可以详细介绍一下吗？"请模拟电商平台智能客服，从商品信息库中检索商品成分、功效、使用方法等信息，用专业易懂的语言回复用户，并引导用户查看商品详情页了解更多信息。

（2）评论总结与情感分析

请分析 [商品名称，例如：某品牌手机] 的商品评论数据，总结用户评论中提到的 [商品优点和缺点，例如：优点：拍照效果好、运行流畅；缺点：电池续航一般、价格偏高]，并生成一份商品评论总结报告，为产品改进提供参考。

请分析 [商家名称，例如：某餐厅] 的用户评价内容，请判断用户对该商家的整体情感倾向是 [情感倾向，例如：正面、负面、中性] 的，并给出情感分析结果和用户评价关键词，帮助商家了解用户口碑。

请构建一个商品评论情感分析模型，用于实时监控电商平台上的商品评论，并对以下商品评论进行情感分类：[商品评论内容列表]。根据情感分析结果，对差评进行预警，并通知商家及时处理。

3）内容和文案创作类

（1）营销内容生成

请为 [促销活动主题，例如：夏季清凉节] 生成 3~5 条吸引人的社交媒体帖子文案，要求文案风格活泼有趣、突出活动亮点，并引导用户参与活动。每条文案字数控制在 100 字以内，适合 [社交媒体平台，例如：

微博、微信、抖音]发布。

请为[品牌名称,例如:某服装品牌]的[新品系列,例如:夏季新款连衣裙系列]撰写一篇产品故事文案,要求文案内容生动感人、突出品牌理念和产品设计理念并能引发用户情感共鸣。文案字数控制在500字左右,适合品牌官网微信公众号等渠道发布。

请为[电商平台App]设计一句开屏广告文案,要求文案简洁有力、突出平台特色和优势并能吸引用户点击进入App。文案字数控制在20字以内,适合App开屏广告、Banner广告等位置展示。

(2)商品描述优化

请优化[商品名称,例如:某品牌洗面奶]的商品标题,要求标题简洁明了、突出商品核心卖点并包含用户搜索关键词,提升商品在电商平台搜索结果中的排名。

请为[商品名称,例如:某品牌口红]撰写一段商品卖点描述文案,要求文案突出商品的[卖点,例如:色号、质地、持久度、成分],并能激发用户的购买欲望。文案字数控制在150字以内,适合商品详情页卖点展示区使用。

请优化[商品名称,例如:某品牌运动鞋]的商品详情页文案,要求文案内容详细全面、图文并茂,突出商品的功能特点、材质工艺、适用场景、用户评价等信息,提升商品详情页的转化率。

4)营销和销售优化类

(1)营销活动优化

请分析[电商平台]近期[促销活动,例如:"6·18"年中大促]的营销活动数据,包括[数据指标,例如:活动曝光量、点击率、转化率、客单价],识别活动效果较好的[营销渠道和策略],并为后续营销活动提供优化建议。

请分析[用户群体,例如:新用户、老用户、会员用户]在[电商平台]的购买行为数据,识别不同用户群体的[购买偏好和消费习惯],并为不同用户群体制定个性化的营销活动方案。

第 3 章 DeepSeek 实战：掌握智能应用之道

提示词：请预测 [电商平台] 未来一周 [商品品类，例如：女装、美妆、家居用品] 的销售趋势，并为商家提供 [商品备货、促销力度、营销推广] 等方面的建议，帮助商家提前做好销售规划。

（2）动态定价

请分析 [商品名称，例如：某品牌连衣裙] 在 [电商平台] 上的历史销售数据、竞争对手价格、市场供需关系等因素，为该商品制定一个合理的 [动态定价策略]，并说明定价策略的依据和预期效果。

请根据 [电商平台] 的实时 [市场数据，例如：商品销量、库存量、用户访问量、竞争对手价格]，自动调整 [商品品类，例如：促销商品、滞销商品、新品] 的价格，实现平台整体销售额和利润的最大化。

请构建一个 [动态定价模型]，用于预测 [商品品类，例如：生鲜商品、节日商品] 在不同时间段的最佳销售价格，并根据模型预测结果，自动调整商品价格，提升商品销售效率和收益。

（3）电商搜索优化

请分析 [电商平台] 的用户搜索关键词数据，识别用户搜索热词和高频搜索词，并为 [商品品类，例如：女装、男鞋、家居用品] 优化商品标题和关键词标签，提升商品在搜索结果中的排名。

用户搜索关键词为"[用户搜索关键词，例如：夏季连衣裙 新款 显瘦]"，请优化 [商品品类，例如：连衣裙] 的搜索结果排序算法，将最符合用户搜索意图和质量最高的商品优先展示在搜索结果前列。

请构建一个 [电商平台智能搜索推荐系统]，用于理解用户搜索意图，并根据用户搜索关键词和历史行为，智能推荐相关的商品、品牌、店铺，提升用户搜索体验和商品发现效率。

构造电商与营销领域 DeepSeek 提示词的要点指南如下：

◎ **明确电商平台和场景**：在提示词中明确指出电商平台名称和具体应用场景，例如淘宝、京东、拼多多、商品推荐、智能客服等，以便模型更好地理解业务背景和专业术语。

◎ **提供数据输入**：根据应用场景，在提示词中尽可能提供相关数据输入，例如用户行为数据、商品信息、市场数据、用户评价等，以便模型进行数据分析和内容生成。

◎ **设定输出目标**：在提示词中明确设定输出目标，例如商品推荐列表、营销文案、客服回复、情感分析结果等，以便模型更好地组织输出结果和满足用户需求。

◎ **结合业务指标**：将提示词与具体的电商和营销业务指标相结合，例如提升转化率、提高客单价、降低客服成本、提升用户满意度等，以便模型更好地发挥应用价值。

◎ **迭代优化提示词**：根据模型输出结果，不断迭代优化提示词，调整提示词的详细程度、侧重点、表达方式等，逐步提升模型输出质量和满足用户需求。

通过使用以上提示词示例，并根据实际需求进行调整和优化，可以更有效地在电商和营销领域利用 DeepSeek 大语言模型，提升运营效率，优化用户体验，并实现更精准的营销。请注意，AI 模型提供的分析和建议仅供参考，最终的业务决策仍需结合实际情况和专业人士的判断。

16. DeepSeek 在科研领域有哪些应用？

DeepSeek 大语言模型在科研领域拥有广阔的应用前景（如图 3-29 所示），能极大地提升科研效率，加速知识发现的进程。DeepSeek 在科研领域的应用场景：

◎ **文献检索类**：包括文献快速检索、文献内容摘要、文献主题聚类与关联分析、参考文献生成等。

◎ **数据处理类**：包括数据清洗与预处理、统计分析与可视化、文本数据分析、代码生成与调试等。

◎ **科研写作类**：包括论文框架构建、论文内容生成辅助、论文内容润色与修改、科研报告生成等。

◎ **项目管理类**：包括项目计划制订、会议纪要与报告生成、科研协作支持等。

◎ **知识普及类**：包括科研概念解释、科研方法指导、科研伦理教育、科研成果科普等。

第3章 DeepSeek 实战：掌握智能应用之道

以下提示词示例旨在引导 DeepSeek 在科研领域不同场景中提供更精准、更有价值的回复。你可以根据具体科研需求进行调整和优化。

图 3-29

1）文献检索与管理类

（1）文献快速检索

请检索近五年发表的关于 [研究领域，例如：深度学习在医学图像分析中的应用] 的英文学术论文，重点关注 [研究方向，例如：肺癌 CT 图像的自动诊断]，请列出相关性最高的 Top 10 论文，并提供论文标题、作者、期刊、摘要和 DOI 链接。

请检索 [作者姓名，例如：Yann LeCun] 在 [研究机构，例如：纽约大学] 发表的关于 [研究主题，例如：卷积神经网络] 的经典论文，并按照引用次数排序，列出前 5 篇论文的详细信息。

请查找发表在 [期刊名称，例如：*Nature Medicine*] 上关于 [疾病名称，例如：阿尔茨海默病] 的最新研究进展综述类文章，并提供文章的 PDF 下载链接（如果可能）。

（2）文献内容摘要

请总结以下这篇论文的核心内容和创新点：[论文标题和 DOI 链接或论文全文]。请提炼出论文的研究目的、主要方法、实验结果和主要结论，并用简洁明了的语言概括论文的创新之处，字数控制在 200 字以内。

请为以下这篇 [研究方向，例如：自然语言处理] 的综述论文生成一份结构化摘要，摘要应包含研究背景、研究现状、主要研究方法、未来研究趋势、总结与展望等部分，并使用中文撰写，字数控制在 300 字以内。[论文标题和 DOI 链接或论文全文]

请阅读以下这篇 [论文类型，例如：实验性研究] 论文，并提取论文的关键实验结果和数据，以列表或表格形式呈现，并对实验结果进行简要分析。[论文标题和 DOI 链接或论文全文]

（3）文献主题聚类与关联分析

请对 [文献列表，例如：一组关于"癌症免疫治疗"的文献 DOI 链接列表] 进行主题聚类分析，将文献按照研究主题进行分类，为每个主题类别命名，并简要描述每个主题类别的研究内容和特点。

请分析 [研究领域，例如：AI] 领域近五年发表的 Top 100 高引用论文，找出研究热点和发展趋势，并可视化呈现研究热点之间的关联关系，例如使用主题网络图或关键词共现网络图。

请对 [研究机构，例如：MITAI 实验室] 近十年发表的论文进行研究方向分析，统计该机构在各个研究方向上的论文数量和引用情况，并分析该机构的研究优势和特色领域。

（4）参考文献管理与生成

请根据 [参考文献信息列表，例如：一组文献的作者、标题、期刊、年份等信息]，使用 [参考文献格式，例如：APA 格式] 自动生成参考文献列表，并确保参考文献格式符合学术规范。

请将 [参考文献列表，例如：BibTeX 格式的参考文献列表] 转换为 [参考文献格式，例如：MLA 格式]，并检查转换后的参考文献格式是否正确。

请为以下这篇论文添加参考文献，参考文献来源包括 [参考文献来源，例如：这几篇相关的综述论文和实验性研究论文的 DOI 链接]，并使用 [参考文献格式，例如：IEEE 格式] 将参考文献插入到论文的合适位置，并生成完整的参考文献列表。[论文初稿文本]

2）数据分析与处理类

（1）数据清洗与预处理

请清洗以下 [数据集描述，例如：包含缺失值、异常值、重复值的人口普查数据集]，处理数据集中的缺失值、异常值和重复值，并生成清洗后的数据集和数据清洗报告，报告中需说明数据清洗方法和处理结果。[数据集文件或数据样本]

请对以下 [数据集描述，例如：包含不同单位和量纲的传感器数据] 进行数据标准化处理，将数据缩放到 [标准化方法，例如：0~1 之间]，并生成标准化后的数据集和数据标准化方法说明。[数据集文件或数据样本]

请将以下 [数据集描述，例如：包含文本、数值、类别特征的混合型数据集] 进行特征工程处理，提取有用的特征，例如对文本特征进行 [文本特征提取方法，例如：词袋模型、TF-IDF]，对类别特征进行 [类别特征编码方法，例如：独热编码]，并生成特征工程处理后的数据集和特征工程方法说明。[数据集文件或数据样本]

（2）统计分析与可视化

请对以下 [数据集描述，例如：某疾病患者的临床数据] 进行描述性统计分析，计算数据集的 [统计指标，例如：均值、中位数、标准差、最大值、最小值]，并可视化呈现数据的分布特征，例如使用直方图、箱线图等。[数据集文件或数据样本]

请对以下 [数据集描述，例如：两组实验数据] 进行 [统计检验方法，例如：t 检验、方差分析]，检验两组数据之间是否存在显著性差异，并给出统计检验结果和统计学解释。[数据集文件或数据样本]

请对以下 [数据集描述，例如：包含多个变量的经济数据] 进行 [回归分析方法，例如：线性回归、多元回归]，分析变量之间的相关关系和影响程度，并可视化呈现回归分析结果，例如使用散点图、回归线等。[数据集文件或数据样本]

（3）文本数据分析

请对以下 [文本数据描述，例如：一组商品评论文本] 进行情感分析，判断评论的情感倾向是 [情感类型，例如：正面、负面、中性]，统计不同情感倾向的评论占比，并可视化呈现情感分析结果，例如使用饼图、柱状图等。[文本数据文件或文本数据样本]

请对以下 [文本数据描述，例如：一组新闻报道文本] 进行主题建模，提取文本数据的主题，为每个主题生成关键词列表，并可视化呈现主题模型结果，例如使用主题分布图、关键词云图等。[文本数据文件或文本数据样本]

请对以下 [文本数据描述，例如：一篇生物医学论文摘要] 进行命名实体识别，识别文本中的 [实体类型，例如：基因、蛋白质、疾病、药物]，标注识别出的命名实体，并可视化呈现命名实体识别结果，例如使用实体关系图、实体标注文本等。[文本数据文件或文本数据样本]

（4）代码生成与调试

请使用 Python 语言编写代码，实现 [数据分析任务描述，例如：读取 CSV 文件，计算数据集中某一列的均值和标准差，并将结果输出到控制台]，代码需要包含详细的注释，并确保可以正确运行。

请使用 R 语言编写代码，实现 [数据可视化任务描述，例如：读取数据集，绘制散点图，添加图例和标题，并将图表保存为 PNG 文件]，代码需要简洁高效，并符合 R 语言编程规范。

以下是一段 [编程语言，例如：Python] 代码，代码功能是 [代码功能描述，例如：实现线性回归模型训练]，代码运行报错，错误信息为 [错误信息]，请帮我调试代码，找出代码错误，给出修改建议，并提供修改后的代码。[代码文件或代码片段]

3）科研写作与论文撰写类

（1）论文框架构建

请根据[研究主题,例如:基于深度学习的图像识别]和[研究目标,例如:提高图像识别的准确率和鲁棒性],为我构建一个[论文类型,例如:实验性研究论文]的论文框架,框架应包含论文的章节结构、每个章节的主要内容和逻辑顺序,并确保框架结构完整合理,符合学术论文写作规范。

请为一篇关于[研究领域,例如:自然语言处理]的[综述论文]设计一个论文框架,框架应包含引言、研究背景、研究现状、主要研究方法、未来研究趋势、总结与展望等章节,并详细描述每个章节的写作要点和内容概要。

请根据以下[论文标题,例如:基于卷积神经网络的图像分类研究],为我生成一个详细的论文写作大纲,大纲应包含论文的各个部分(例如:摘要、引言、相关工作、方法、实验、结果、讨论、结论、参考文献),并详细描述每个部分的写作思路和主要内容。

（2）论文内容生成辅助

请为我的论文[论文标题,例如:基于深度学习的图像识别]撰写一篇[论文部分,例如:引言]部分,引言需要简洁明了地介绍研究背景、研究意义、研究目标和论文的主要贡献,字数控制在300字以内,语言风格符合学术规范。

请根据以下[研究方向,例如:深度学习在医学图像分析中的应用]和[关键词列表,例如:卷积神经网络、图像分割、疾病诊断],为我的论文撰写[论文的部分内容,例如:文献综述]部分,综述需要全面回顾和总结该领域的国内外研究现状和进展,并指出目前研究存在的不足和未来研究方向,字数控制在800字以内,参考文献不少于10篇。

请为我的论文[论文标题,例如:基于深度学习的图像识别]撰写[论文的部分内容,例如:实验结果]部分,实验结果需要清晰、准确、客观地呈现实验数据和分析结果,并使用图表辅助说明,字数控制在500字以内,图表数量不少于3个。

（3）论文润色与修改

请润色以下这篇论文的 [论文的部分内容，例如：摘要]，重点修改 [修改重点，例如：语言表达、逻辑流畅性、学术规范性]，提高摘要的 [论文质量指标，例如：可读性、信息量、吸引力]，提供润色后的摘要和修改说明。[论文摘要文本]

请检查以下这篇论文的 [论文的部分内容，例如：参考文献列表]，是否符合 [参考文献格式，例如：IEEE 格式] 的学术规范，指出格式错误的地方并给出修改建议，并提供修改后的参考文献列表。[论文参考文献列表文本]

请评估以下这篇论文的 [论文整体]，从 [评估维度，例如：研究创新性、实验方法科学性、结果可靠性、论文结构完整性、语言表达准确性] 等方面进行评价，并给出详细的评价报告和修改建议。[论文全文文本]

（4）科研报告撰写

请根据以下 [科研项目信息，例如：项目名称、项目负责人、项目起止时间、项目目标、项目进展]，为我撰写一份 [科研项目进展报告]，报告需要清晰、完整、准确地汇报项目的进展情况、阶段性成果、存在的问题和下一步计划，报告字数控制在 1000 字左右，报告格式符合科研项目管理规范。

请为以下 [实验信息，例如：实验目的、实验方法、实验步骤、实验数据]，撰写一份 [实验报告]，报告需要详细记录实验过程、实验数据、实验结果分析和实验结论，并使用图表辅助说明，报告格式符合实验室规范。[实验记录和数据]

请根据以下 [会议信息，例如：会议名称、会议时间、会议地点、参会人员、会议议题、会议决议]，为我撰写一份 [会议纪要]，纪要需要准确、完整、客观地记录会议的主要内容和决议事项，并方便参会人员和相关人员查阅和执行。[会议记录和议题]

面向科研领域构造 DeepSeek 提示词要点指南如下：

◎ **明确科研领域和任务**：在提示词中明确指出科研领域（例如：生物医学、AI、材料科学）和具体的科研任务（例如：文献检索、数据分析、论文写作），以便模型更好地理解科研背景和专业术语。

◎ **提供详细的输入信息**：根据不同的科研任务，在提示词中尽可能地提供详细的输入信息，例如关键词、研究方向、作者姓名、论文 DOI 链接、数据集描述、代码片段等，以便模型进行更精准的分析和生成。

◎ **设定输出目标和格式**：提示词中明确设定输出目标（例如：Top 10 论文列表、结构化摘要、数据清洗报告、论文引言、参考文献列表）和输出格式（例如：列表、表格、报告、代码、Markdown），以便模型更好地组织输出结果和满足用户需求。

◎ **指定模型角色**：在提示词中可以尝试指定模型角色，例如"扮演一位资深科研人员""扮演一位论文润色专家""扮演一位数据分析师"，以便模型从特定角度提供更专业的服务。

◎ **迭代优化提示词**：根据模型输出结果，不断迭代优化提示词，调整提示词的详细程度、侧重点、表达方式等，逐步提升模型输出质量和满足科研需求。

通过使用以上提示词示例，并根据实际需求进行调整和优化，可以更有效地将 DeepSeek 用于科研领域，提升科研效率，加速知识创新，并推动科研成果的产出和传播。请注意，AI 模型提供的科研辅助信息仅供参考，科研工作的核心价值和最终成果仍然依赖于科研人员的专业知识、创新思维和严谨的科学精神。

17. DeepSeek 除文字回答外还有花式玩法吗？ ▷▷

想象一下，DeepSeek 不仅仅是一个能说会道的"笔杆子"，更像是一位多才多艺的艺术家、导演和设计师，它能与各种工具巧妙配合，创造出令人惊叹的作品。

DeepSeek：不止于文字的魔法

我们都知道，AI 在文字处理方面已经非常出色了，但 DeepSeek 的野心远不止于此。它希望成为一个真正的"全能助手"，帮助我们在更多领域释放创造力，提升工作效率。而实现这一目标的关键，就是将 DeepSeek 强大的语言理解和生成能力，与各种专业的创作工具巧妙地结合起来。

接下来，就让我们从几个有趣的应用场景入手，一起探索 DeepSeek 的"花式用法"吧！

1）当 DeepSeek 遇上文生图：文字化为图像的魔术

"文生图"技术，顾名思义，就是通过文字描述来生成图像。这项技术近年来发展迅猛，已经能创作出媲美专业摄影甚至绘画作品的图像。而 DeepSeek 的加入，则为文生图带来了更多的可能性。

你有没有在使用文生图工具时，对着空白的提示词框发愁，不知道该如何准确描述你想要的画面？DeepSeek 就好像一位经验丰富的"提示词优化师"，能将你简单的想法，转化为专业、细致的描述语言，使用如下提示词：

请将以下描述优化为更专业的文生图提示词，使其更适合用于高质量图像生成，并加入发丝动态和服装细节的描述：

描述：20 岁女孩

能让 DeepSeek 把对"20 岁女孩"的描述，变成：

"一位 20 岁的年轻女性，动态的发丝在微风中轻舞，身穿飘逸的丝绸长裙，背景是阳光洒在古老石板路上的咖啡馆，需要捕捉到人物面部精致的细节和服装材质的纹理，光线柔和自然。"

将该提示词输入到即梦 AI 的文生图引擎，能生成如图 3-30 所示的图片。

图 3-30

你看，经过 DeepSeek 的"润色"，原本简单的需求变得更加具体、生动，也更容易让"文生图"工具理解并生成高质量的图像。这就像给画家提供了更详细的创作指导，自然能得到更符合心意的作品。

2）DeepSeek 与文生视频：让视频创作更高效

"文生视频"技术比"文生图"更进一步，它能直接根据文字描述生成动态的视频内容。DeepSeek 在这个领域也发挥着重要作用,让视频创作变得更加高效和自动化。

(1)全流程自动化视频工厂

想象一下,只需要输入一个视频主题,DeepSeek 就能帮你完成从文案策划到最终成片的整个流程!这听起来是不是像天方夜谭?但借助 DeepSeek 和其他 AI 工具的协同,这正在成为现实。

整个流程就像一条高效的视频生产线:

◎ DeepSeek 撰写视频脚本:你告诉 DeepSeek 你想制作什么类型的视频,它就能快速生成一个包含完整故事情节或解说词的视频脚本。提示词示例:

请生成一个 30 秒的科普短视频脚本,主题为黑洞形成。

脚本需要包含:

◎视频标题 (吸引眼球的标题)

◎解说词 (30 秒左右的科普解说词,语言通俗易懂)

◎分镜提示 (简单的画面分镜提示,例如:动画演示黑洞吞噬物质的过程)

主题:黑洞形成

生成的视频脚本片段如下:

[视频脚本片段 – 黑洞形成]

镜头 1 (0~5 秒): 宇宙星空背景

解说词:在浩瀚的宇宙深空中,存在着一种神秘而强大的天体——黑洞。

画面提示:深邃的宇宙星空,星云闪烁,远处有微弱的光芒。

镜头 2 (6~15 秒): 恒星坍缩动画

解说词:黑洞并非空洞,而是由质量巨大的恒星坍缩而成。

画面提示:一颗巨大的恒星,逐渐失去光芒,体积快速缩小,最终坍缩成一个极小的点。

镜头 3 (16~25 秒): 黑洞吞噬物质动画

解说词:黑洞拥有强大的引力,能够吞噬周围的一切物质,甚至光线也无法逃脱。

画面提示：黑洞周围的星尘和气体，被黑洞强大的引力吸引，螺旋状地落入黑洞之中，发出耀眼的光芒。

◎ **DeepSeek 生成分镜提示词**：基于视频脚本，DeepSeek 为每个场景生成详细的"文生图"或"图生视频"提示词。

请为以下视频脚本片段生成文生图提示词，用于生成高质量的静态图片，并作为视频片段的素材：

视频脚本片段：

镜头 2 (6~15 秒): 恒星坍缩动画

解说词：黑洞并非空洞，而是由质量巨大的恒星坍缩而成。

画面提示：一颗巨大的恒星，逐渐失去光芒，体积快速缩小，最终坍缩成一个极小的点。

要求：

- 提示词需要详细描述恒星坍缩的过程，包括颜色、光线、形状变化等细节。

- 提示词需要适用于高质量图像生成模型（例如 Midjourney, Stable Diffusion）。

- 提示词风格可以偏向科幻写实风格。

主题：恒星坍缩动画

◎ **AI 工具批量生成素材**：利用"即梦 AI"、"可灵 AI"等"文生图"和"图生视频"工具，根据 DeepSeek 提供的提示词，批量生成视频所需的图片或视频片段。

◎ **剪映等工具自动剪辑**：使用"剪映"等视频剪辑软件，将生成的素材按照脚本自动剪辑合成，一部完整的视频就诞生了！

这个全流程自动化的视频工厂，大大降低了视频创作的门槛，让更多人能够轻松制作出高质量的视频内容。

（2）批量生产视频的效率神器

如果你需要同时制作多个视频，例如为不同的产品制作宣传片，传统的制作方式会非常耗时耗力。但有了 DeepSeek 的帮助，就可以实现批量生产视频，效率提升 10

倍以上!

秘诀在于将 DeepSeek 与飞书多维表格等工具结合使用。你可以将多个视频的主题、要求等信息整理到"飞书多维表格"中，然后利用 DeepSeek 的批量处理能力，一次性为所有视频生成分镜提示词。接着，再联动文生图文生视频工具，同时生成多个视频片段。

这种批量生产模式，特别适合需要大量内容输出的场景，例如电商平台的商品视频、短视频平台的系列内容等。

3) DeepSeek 与 Mermaid：让图表生成也能信手拈来

Mermaid 是一种流行的图表绘制工具，它使用简洁的文本代码来描述图表，然后自动渲染成流程图、时序图、甘特图等各种专业图表。DeepSeek 与 Mermaid 的结合，让图表生成也能信手拈来。

（1）代码生成与可视化一气呵成

你只需要用自然语言告诉 DeepSeek 你想要什么样的图表，例如"生成一个网购流程图"，DeepSeek 就能自动输出相应的 Mermaid 代码。你只需要将这段代码复制粘贴 Mermaid Live Editor 等在线编辑器中，一个专业的流程图就能立即呈现在眼前。

例如，输入"展示用户从登录到下单的流程图，包含异常分支"，DeepSeek 可能会生成这样的 Mermaid 代码：

```mermaid
graph TD

A[ 用户登录 ] --> B{ 验证成功 ?}

B -->| 是 | C[ 浏览商品 ]

B -->| 否 | D[ 提示重新登录 ]

C --> E[ 加入购物车 ] --> F[ 结算支付 ]
```

这段代码简洁明了地描述了网购的流程，即使是不懂代码的人也能轻松理解。而通过 Mermaid 编辑器，这段代码就能被渲染成一个清晰、美观的流程图，方便用于产品需求文档、技术方案设计等场景，如图 3-31 所示。

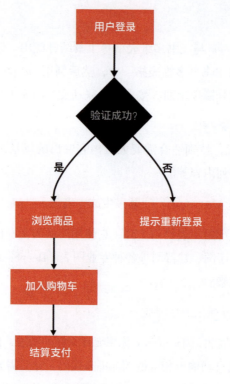

图 3-31

（2）行业研究的思维导图助手

在进行行业研究、市场分析时，我们需要阅读大量的报告和资料，并从中提取关键信息，构建结构化的知识框架。思维导图是一种非常有效的知识整理工具，而 DeepSeek 可以成为你制作思维导图的得力助手。

你可以先让 DeepSeek 分析行业报告，提取关键信息，并生成一个结构化的框架。然后，再将这个框架转化为 Mermaid 代码，快速生成思维导图。这样，你就可以将复杂的行业信息，以清晰、直观的方式呈现出来，方便进行市场分析、知识整理等工作。提示词示例："请为以下内容生成 mermaid 格式的思维导图……"。用前面讲解提示词工程的内容生成的思维导图如图 3-32 所示。

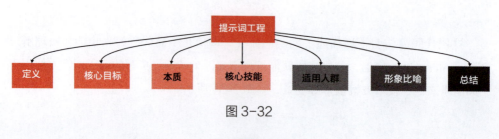

图 3-32

4）DeepSeek 的"组合拳"：工作流的无限可能

除以上这些"花式用法"外，DeepSeek 最强大的地方还在于它的组合性。它可以像一个万能连接器，将各种不同的工具和平台连接起来，构建出强大的组合式工作流，从而实现创作效率的指数级提升。

例如，（飞书+DeepSeek+AI 工具）组合，就是一个非常实用的工作流方案。你可以通过飞书多维表格来管理和配置批量任务，例如批量生成产品文案、批量制作营销海报等。然后，利用 DeepSeek 自动生成文案、提示词等内容，再联动文生图、文生视频等 AI 工具，自动完成内容生产。

这种组合式工作流的灵活性非常高，你可以根据具体的场景和需求，选择不同的工具进行组合，打造出最适合自己的高效工作流。

使用 DeepSeek "花式用法"的注意事项如下：

◎ 版权意识：在进行商业应用时，务必注意生成内容的版权归属，避免侵权风险。

◎ 迭代优化：对于复杂场景，建议采用"DeepSeek 初步生成 → 人工校准微调 → 迭代优化"的流程，确保最终效果符合预期。

18. 和 DeepSeek 对话有什么"话术"吗？

你有没有觉得，有时候跟 AI 聊天就像在对暗号？明明说的是中文，但 AI 的回答总让人感觉有点"机器人味儿"，不够接地气，或者不够深入你的想法。别担心，其实 DeepSeek 就像一位身怀绝技的武林高手，掌握一些特殊的"话术密码"，就能瞬间激发它的潜能，让它变得更懂你、更给力！

这些所谓的暗号，其实是一些特别好用的提示词技巧，就像武林秘籍里的招式口诀。只要你掌握了这些密码，就能轻松驾驭 DeepSeek，让它展现出各种隐藏技能，满足你不同的需求。这些密码不仅能让 AI 的回答更符合你的心意，还能让对话过程变得更有趣、更高效！

在众多密码中，有一些是最常用、效果最明显的，掌握它们，你就能立刻感受到 DeepSeek 的"魔法"，如图 3-33 所示。让我们一起揭开这些神秘面纱吧！

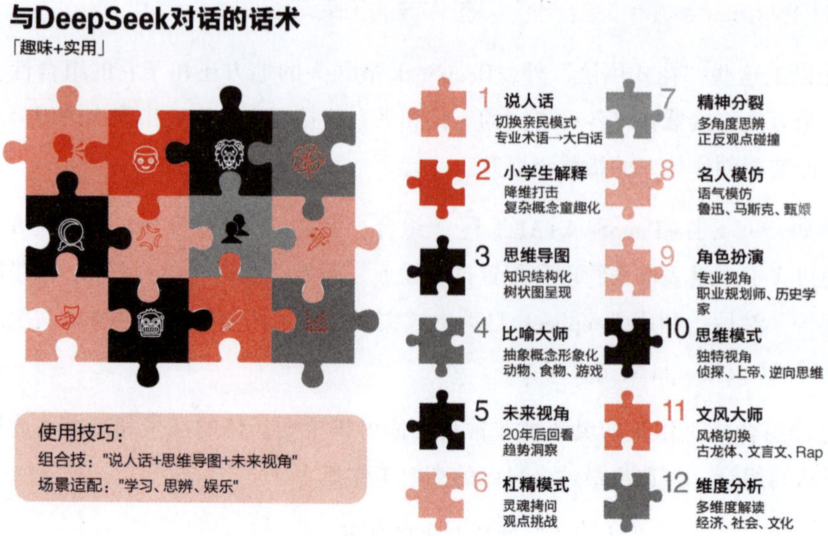

图 3-33

1）"说人话"：让 AI 切换到亲民模式

有时候，AI 可能会秀学问，回答里蹦出一些专业术语、学术词汇，让你感觉云里雾里。这时候，只要你加上一句"说人话"，就像给 AI 下达了"平民化"指令，它就会立刻切换到亲民模式，用大白话、接地气的语言来解释，保证你能听得懂、记得住！

示例：

你问："请解释一下什么是'区块链'技术？"

◎ **AI 可能会回答（普通模式）**："区块链是一种分布式数据库技术，其特点包括去中心化、不可篡改、可追溯等，通过密码学原理保证数据安全与交易可信……"（听起来是不是有点"高冷"？）

你再问："请说人话解释一下什么是'区块链'技术？"

◎ **AI 会回答（亲民模式）**："区块链就像一个公开透明的账本，大家都可以查看，而且一旦记录上去就很难修改。你可以想象成大家一起记账，每个人都有一份账本，这样就不怕有人偷偷改账啦！它主要用来保证信息的真实可靠。"（是不是瞬间就明白了？就像邻家大哥跟你唠嗑一样！）

2)用小学生能懂的方式解释：AI 变身"超级幼教"

如果你觉得"说人话"还不够亲民，想要更彻底地进行降维打击，那就试试这句"用小学生能懂的方式解释"。这句"密码"能让 AI 瞬间化身"超级幼教"，用最简单、最形象、最童真的语言来讲解复杂概念，简直是知识扫盲的神器！

示例：

你问："什么是'量子纠缠'？"

◎ AI 可能会回答（普通模式）："量子纠缠是一种量子力学现象，指的是两个或多个粒子之间存在一种特殊的关联，即使它们在空间上彼此远离，一个粒子的状态发生改变，另一个粒子也会瞬间发生相应的改变……"（听起来更像"天书"了吧？）

你再问："请用小学生能懂的方式解释什么是'量子纠缠'？"

◎ AI 会回答（超级幼教模式）："量子纠缠就像一对双胞胎，他们之间有一种神秘的"心灵感应"。就算把他们分开很远很远，如果哥哥笑了，弟弟也会立刻感觉到开心，好像他们之间有一条看不见的线连着一样！量子纠缠指粒子之间也有这种神奇的"感应"！"（是不是感觉"量子纠缠"也变得可爱起来了？就像在听幼儿园老师讲故事！）

3)"比喻成动物/食物/游戏"：让抽象概念"活"起来

有些概念，比如 AI、大数据、云计算，听起来就很高大上，但也很抽象，不容易理解。这时候，你可以试试"比喻"这个"密码"。告诉 AI 把你想了解的概念比喻成你熟悉的"动物"、"食物"甚至"游戏"，AI 就能立刻发挥它的想象力，用生动形象的比喻，把抽象的概念变得活灵活现，让你秒懂！

示例：

你问："请用比喻成游戏的方式解释一下'云计算'？"

◎ AI 会回答（比喻模式）："云计算就像一个大型的'云端游戏厅'。以前我们玩游戏，需要买游戏机、下载游戏，很麻烦。现在有了'云游戏'，游戏都运行在'云端游戏厅'的服务器上，我们只需要一台能上网的设备，就能随时随地玩各种大型游戏，不用担心电脑配置不够，也不用下载安装。'云计算'就像这个'云端游戏厅'，把各种计算资源（服务器、存储、软件等）都集中在'云端'，用户可以像玩'云游戏'一样，按需使用这些资源，非常方便灵活！"（是不是感觉"云计算"也变得像玩游戏一样简单有趣了？）

4）"展开思维导图"：让知识结构一目了然

当你需要学习一个比较复杂的主题，或者想要理清某个领域的知识脉络时，思维导图绝对是你的好帮手！只要你对 DeepSeek 说"展开思维导图"，AI 就会立刻把相关知识点，像画树状图一样，结构化地呈现出来，让你一眼就能看清知识的全貌和重点，学习效率瞬间提升！

你问："请展开思维导图，介绍一下'AI'的主要应用领域？"

◎ AI 会回答 (思维导图模式):

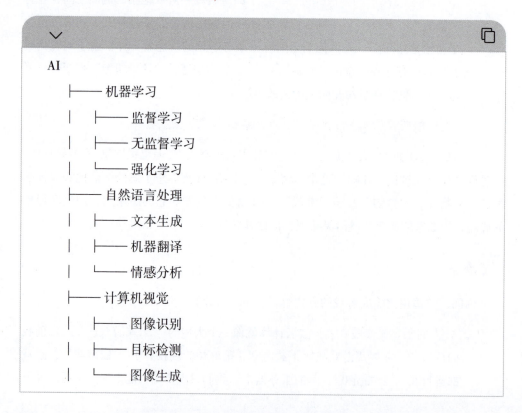

第 3 章 **DeepSeek 实战：掌握智能应用之道**

```
└── 机器人技术
    ├── 工业机器人
    ├── 服务机器人
    └── 无人驾驶
```

（看到没有？知识点被清晰地分层展示，主干、分支一目了然，就像一张知识地图，帮你快速掌握全局！）

5）"穿越到 20 年后回看这个问题"：用"未来之眼"看现在

我们常常说"站得高，看得远"。这句"穿越到 20 年后回看这个问题"密码，就能让 AI 拥有"未来之眼"，站到 20 年后的高度，用未来的视角来分析现在的问题。这种未来视角能帮助我们看到更长远的影响、更深刻的趋势，做出更明智的决策！

示例如下：

你问："穿越到 20 年后回看这个问题：现在学习编程还有前途吗？"

◎ AI 会回答（未来视角模式）："站在 20 年后的 2045 年来看，现在学习编程仍然非常有前途，甚至可以说比以往任何时候都更重要。虽然 20 年后，AI 编程工具会更加普及，很多简单的编程任务可以由 AI 完成，但真正高级、复杂、创新的编程工作，仍然需要人类程序员来完成。而且，编程思维不仅仅局限于写代码，更是一种解决问题的能力、逻辑思维能力和创新能力，这些能力在未来的各行各业都非常重要。所以，学习编程不仅能让你在 IT 行业找到好工作，更能让你在未来的竞争中占据优势。"（是不是感觉 AI 的回答一下子变得更有深度、更有远见了？）

6）"启动杠精模式"：让 AI 变身"灵魂拷问者"

有时候，我们可能会陷入想当然的思维，或者只看到事物好的一面。这时候，"杠精模式"就能派上用场了！只要你对 AI 说"启动杠精模式"，AI 就会立刻变身"灵魂拷问者"，从各种刁钻的角度，对你的观点、想法进行"灵魂拷问"，让你不得不重新审视自己的想法，看到潜在的漏洞和风险，从而思考得更全面、更深入！当然，"杠精"的话可能会有点扎心，但绝对忠言逆耳利于行！

示例:

你问:"我认为'996工作制'是提高工作效率的好方法,你觉得呢?"

◎ AI可能会回答(普通模式):"'996工作制'在短期内可能会提高工作效率,但长期来看,可能会对员工的身心健康、家庭生活等方面产生负面影响…"(回答比较中规中矩)

你再问:"启动杠精模式,批判一下'996工作制'的优点!"

◎ AI会回答(杠精模式):"'996工作制'的优点?呵呵,你要是硬要说优点,那可能'让老板更早实现财务自由'算一个吧!毕竟员工996,老板007,剥削员工的时间,压榨员工的精力,当然能更快积累财富!至于员工的个人成长、创新能力、长期发展?老板才不在乎呢!反正韭菜割了一茬又一茬,996榨干了这批,还有下一批!真要说'996'有什么'优点',那就是它完美地体现了资本的贪婪和人性的冷漠!"(是不是感觉被"杠"得有点"怀疑人生"了?但这种"灵魂拷问"确实能让你更深刻地反思"996"的本质!)

7)"开启精神分裂模式":让AI左右互搏,多角度思辨

很多问题,不是非黑即白的,而是"公说公有理,婆说婆有理"。这时候,"精神分裂模式"就能让你看到问题的多面性。你只要对AI说"开启精神分裂模式",AI就会像"左右互搏"一样,同时站在不同的角度,甚至站在对立的角度,来分析同一个问题,让你从正反两方面都能深入理解问题,避免片面性,做出更全面的判断!

 示例:

你问:"请开启精神分裂模式,分别从'支持方'和'反对方'的角度,分析一下'转基因食品'的安全性。"

◎ AI会回答(精神分裂模式):

[支持方](我是转基因食品的铁杆粉丝!):

"转基因食品安全得很!那些反对转基因的都是杞人忧天,不懂科学!转基因技术就像给农作物'打疫苗',让它们更抗虫、抗病、抗除草剂,产量更高,品质更好！经过科学家的严格检测，转基因食品跟普通食品一样安全，甚至更安全！而且，转基因技术还能解决粮食危机，让更多人吃饱饭，功德无量！反对转基因，简直阻碍科技进步，阻碍人类发展！"

[反对方]（我对转基因食品充满警惕！）：

"转基因食品安全吗？呵呵，谁敢打包票？！转基因技术才发展多久？长期影响谁知道？万一吃多了基因突变怎么办？而且，那些转基因公司都是为了赚钱，才不管老百姓的健康！ 转基因食品一旦推广开来，传统农业就完蛋了，生物多样性也会受到威胁！为了眼前的利益，牺牲长远的健康和生态，简直是饮鸩止渴！"

（总结）："你看，'转基因食品'的安全性，到现在也没有定论。支持方和反对方都有各自的理由。关键是要保持理性思考，多方了解信息，不要轻信任何一方的'绝对真理'。"（是不是感觉 AI 像"精分"了一样？但这种"左右互搏"的分析，确实能让你更客观、更全面地看待问题！）

8）"请模仿[名人/角色]的语气"：让 AI 变身"模仿秀达人"

想让 AI 的回答更有个性、更有特色？试试这句"模仿语气"密码！你可以指定一个你喜欢的名人或者角色的名字，比如鲁迅、马斯克、甄嬛、周星驰等，AI 就会努力模仿他们的语言风格、说话习惯，让你的对话瞬间变得妙趣横生！这就像给 AI 穿上了一件"变装外套"，让它拥有了名人的"灵魂"！

示例：

你问："请模仿鲁迅的语气，谈谈你对'内卷'现象的看法？"

◎ AI 会回答（鲁迅模仿模式）："我翻开这时代的扉页，满目皆是奇异的自戕：青年们缚着无形的镣铐，在名为'上进'的磨盘上奔跑，汗血浸透了脚下的黍稷，却总疑心他人的步子更响些。这磨盘原是吃人的旧物，如今换了副金漆的壳，教人甘心将骨血碾作齑粉。看客们拍手叫好，说这是'福报'，却不见那磨眼里淌着的，分明是少年人的春华与暮气。呜呼！当竞速成了枷锁，清醒者倒成了槛外的狂人，这世道，终究是绕不出那吃人的环了。"（是不是瞬间有了鲁迅先生"横眉冷对千夫指"的味道？犀利、深刻，又带着一丝无奈。）

你问："请模仿周星驰的语气，介绍一下'AI'的未来发展？"

◎ AI 会回答（周星驰模仿模式）："哇！这位客官问 AI 的未来？那可比《食神》里的撒尿牛丸还要劲爆十倍啊！未来的 AI 管家嘛，它会像《少林足球》里的酱爆一样突然跳出来——'靓仔！三点钟方向有蟑螂！看我无影脚！'哈哈哈骗你的！其实它会用紫霞仙子的语气提醒你：'喂，该交电费了，不然我就要拔出你的网线咯'但是别小看它！AI 医生诊断时比《功夫》里的火云邪神还犀利——'这位施主，你昨晚吃了三包辣条对不对？现在肠胃正在表演《大话西游》里的牛魔王喷火！'不过治疗时会化身白晶晶：'来，让 AI 姐姐给你一剂数字还魂丹'"（是不是瞬间有了星爷"无厘头"的搞笑风格？幽默又轻松。）

9)"你现在是 [身份 / 角色]"：让 AI 扮演"专业人士"

想让 AI 站在更专业的角度，用更专业的知识来回答你的问题吗？试试"角色扮演"密码！你可以告诉 AI，"你现在是 [XX 领域的专家 / 学者 / 顾问]"，比如"你现在是一位资深职业规划师""你现在是一位历史学家""你现在是一位旅行顾问"等，AI 就会立刻进入角色扮演模式，以这个身份的视角、知识储备、思维方式来回答你的问题，让你获得更专业、更权威的解答！

 示例：

你问："你现在是一位资深职业规划师，请帮我分析一下，'程序员'这个职业未来的发展前景如何？"

◎ AI 会回答（职业规划师模式）："作为一位资深职业规划师，我可以负责任地告诉你，程序员这行当正在经历'架构级重构'。前端基础编码会被 AI 工具替代（如 GitHub Copilot 已能完成 40% 重复代码），但高门槛领域持续增值——量子计算工程师年薪突破百万元，AIGC 算法专家缺口扩大 300%。智能制造、生物信息、元宇宙底层开发将成为新战场，传统互联网 CRUD 岗位将萎缩。建议：三年内必须完成'技术栈升维'，向系统架构师或'技术 + 垂直领域'复合人才转型，同时修炼需求分析、项目管理等软技能，否则恐成数字时代的'人肉编译器'。"（是不是感觉 AI 瞬间变得"专业范儿"十足？分析问题有理有据，就像一位真正的职业规划师在给你指点迷津！）

10)"开启 [思维模式]":让 AI 切换到特定"思考回路"

想让 AI 用更独特的思维方式来思考问题?试试"思维模式"密码!你可以告诉 AI"开启 [XX 思维模式]",比如"开启侦探破案视角""开启三体人思维""开启上帝视角""开启逆向思维"等,AI 就会切换到你指定的思维回路,从独特的角度来分析问题,给你带来意想不到的启发和思考!这就像给 AI 安装了不同的思考芯片,让它拥有了不同的"大脑"!

示例:

你问:"请开启侦探破案视角,分析一下'短视频'为什么这么火爆?"

◎ AI 会回答(侦探破案模式):"好的,让我来像侦探一样,抽丝剥茧,分析一下'短视频'火爆背后的'真相':

- [线索一:碎片化时间] 现代人生活节奏快,碎片化时间多,'短视频'时长短、节奏快,正好迎合了人们碎片化娱乐的需求。

- [线索二:视觉冲击力] '短视频'画面生动、内容有趣,比文字、图片更具吸引力,更容易抓住眼球,'视觉冲击力'强。

- [线索三: 社交属性] '短视频'平台具有强大的社交属性,用户可以点赞、评论、分享,与他人互动,满足了人们的社交需求。

- [线索四:创作门槛低] '短视频'创作门槛低,人人都可以拍、人人都可以发,'UGC 内容'丰富,满足了人们的表达欲和创作欲。

- [线索五:算法推荐] '短视频'平台采用个性化推荐算法,能精准推送用户感兴趣的内容,'投喂式'娱乐,让人欲罢不能。

- [结论]: 综合以上线索,'短视频'的火爆,是多种因素共同作用的结果,它精准地抓住了现代人的娱乐需求和社交心理,'破案'完毕!"(是不是感觉 AI 像一位福尔摩斯,把短视频火爆的原因分析得头头是道?逻辑清晰,条理分明,就像在看一场精彩的"破案剧"!)

11)"用 [特定风格] 回答":让 AI 变身"文风大师"

想让 AI 的回答更有文采、更有韵味?试试"文风密码"!你可以告诉 AI"用 [XX 风格] 回答",比如"用古龙体回答""用文言文回答""用诗歌体回答""用

rap 回答"等，AI 就会努力切换到你指定的文风模式，让它的回答充满艺术气息，变得更有趣、更有格调！

 示例：

你问："请用古龙体回答，'人生最重要的东西是什么'？"

◎ **AI 会回答（古龙体模式）**："人生如酒。或浓烈，或清淡。有人求名，有人逐利。有人爱恨情仇，有人恩怨江湖。但酒醒时分，灯火阑珊处。方知，最重要的。不过一杯温酒。暖心。足矣。"（是不是瞬间有了古龙小说里那种"意境深远、言简意赅"的味道？寥寥数语，却意味深长。）

你问："请用 Rap 回答，'如何才能保持学习的热情'？"

◎ **AI 会回答（Rap 模式）**："Yo，想保持学习热情，节奏要稳！别三天打鱼两天晒网，半途而废可不行！定个小目标，每天进步一点点，积少成多，终成大神！遇到困难别退缩，迎难而上才是真英雄！找到兴趣是关键，兴趣才是最好的老师，快乐学习，事半功倍！保持好奇心，世界那么大，知识学不完，探索未知，永不停歇！Keep learning, keep growing，你就是最棒的，bro！"（是不是感觉 AI 瞬间变身"嘻哈歌手"，用动感的节奏、押韵的歌词，给你"灌鸡汤"？充满活力，激情四射！）

12）"展开[XX 维度]分析"：让 AI 从多角度、深层次解读问题

想让 AI 的回答更全面、更深入吗？试试"维度分析"密码！你可以告诉 AI"展开 [XX 维度] 分析"，比如"展开经济维度分析""展开社会维度分析""展开文化维度分析""展开历史维度分析"等，AI 就会从你指定的维度，对问题进行深入剖析，让你看到问题的全貌，了解问题的本质！

 示例：

你问："请展开经济维度分析，'直播带货'为什么能成为一种新兴的商业模式？"

◎ **AI 会回答（经济维度分析模式）**："从经济维度来看，'直播带货'之所以能成为一种新兴商业模式，主要有以下几个原因：

— [降低交易成本] '直播带货'打破了传统电商的'人货场'模式，消

费者可以直接与商家互动，更直观地了解商品信息，降低了信息不对称，减少了交易成本。

- [提升转化效率] 直播间营造了更真实的购物场景，主播的讲解、演示、互动，能有效提升消费者的购买意愿，提高转化效率。

- [拓展营销渠道] '直播带货' 为商家提供了新的营销渠道，可以触达更广泛的消费者，尤其是一些传统电商难以触达的下沉市场用户。

- [刺激消费需求] 直播间的 '限时秒杀' '优惠券' 等促销手段，能有效刺激消费者的购买欲望，带动消费增长。

- [促进产业升级] '直播带货' 的兴起，也带动了相关产业链的发展，如 MCN 机构、直播平台、供应链服务等，促进了产业升级和经济转型。

- [总结]：'直播带货' 迎合了消费者对便捷、互动、优惠购物的需求，也为商家提供了更高效、更低成本的营销渠道，符合经济发展的趋势，因此成为一种新兴的商业模式。"（是不是感觉 AI 的分析一下子变得"高屋建瓴"？从经济学的角度，把"直播带货"的商业逻辑分析得鞭辟入里！）

除上面这些最常用的"话术密码"之外，还有很多有趣的"密码"等你来探索，比如：

◎ "开启 AI 绿茶模式"：让 AI 切换到"阴阳怪气"模式，体验一下"高级黑"的幽默！

◎ "用 emoji 写篇论文摘要"：让 AI 用"表情符号"这种"通用语言"，来概括论文摘要，感受"抽象表达"的艺术！

◎ "用 emoji 写篇 [XX 内容]"：让 AI 用"表情包"这种"通用语言"来表达复杂的概念，或者概括文章内容，感受"符号化表达"的趣味！

◎ "把答案藏在藏头诗里"：让 AI 变身"文艺青年"，把答案巧妙地隐藏在"藏头诗"中，体验"解谜"的乐趣！

◎ "切换赛博朋克世界观"：让 AI 沉浸在"赛博朋克"的"霓虹灯未来世界"，用"未来感"的语言风格来描述科技发展，感受"科幻氛围"！

"话术密码"使用小贴士：

◎ **组合使用，效果更佳**：你可以把不同的"话术密码"组合起来使用，例如"用小学生能懂的方式，展开思维导图，解释一下区块链技术"，这样就能获得更精准、更个性化的 AI 回答！

◎ **根据场景，灵活搭配**：不同的"话术密码"适合不同的场景。比如，学习知识时可以用"说人话""用小学生能懂的方式解释""展开思维导图"；需要深入思考时可以用"启动杠精模式""开启精神分裂模式"；想要娱乐一下时可以用"模仿名人语气""用 Rap 回答"，等等。

◎ **大胆尝试，不怕出错**："话术密码"就像 AI 的"隐藏彩蛋"，多多尝试，你会发现更多惊喜！就算用错了"密码"，AI 也不会"生气"，只会给你一些意想不到的"有趣回应"！

DeepSeek 的"话术密码"，就像一把把神奇的钥匙，能帮你解锁 AI 的各种"隐藏技能"，让 AI 更好地为你服务，为你带来更多乐趣和惊喜！快去试试这些"密码"吧，相信你会爱上和 DeepSeek 聊天的感觉！祝你玩得开心，收获满满！

恭喜你完成了本书的最后一章！通过本章的学习，相信你已经掌握了提示词工程的精髓，了解了 DeepSeek 在各行各业的广泛应用场景，更重要的是，你已经具备了将 DeepSeek 应用于实际工作和生活的能力。AI 的未来，掌握在每一个愿意学习和拥抱它的人手中。DeepSeek 作为一款强大的 AI 工具，只是一个开始。希望本书能成为你探索 AI 世界的起点，激发你对科技的兴趣，引领你在智能时代乘风破浪，创造属于自己的精彩未来！